谨以此书献给北斗系统工程建设30周年

携北斗

阅世界

逐苍穹

耀华威

沈荣骏

2025年4月19日

沈荣骏，1936年11月出生于安徽省合肥市。中将军衔，中国工程院院士。1958年毕业于军委测绘学院。航天工程管理与测控技术专家，博士生导师，曾任国防科工委副主任，中国载人航天工程、探月工程顾问。

科学家妈妈讲“大国重器”

携“北斗”闯世界

王淑芳 —— 著

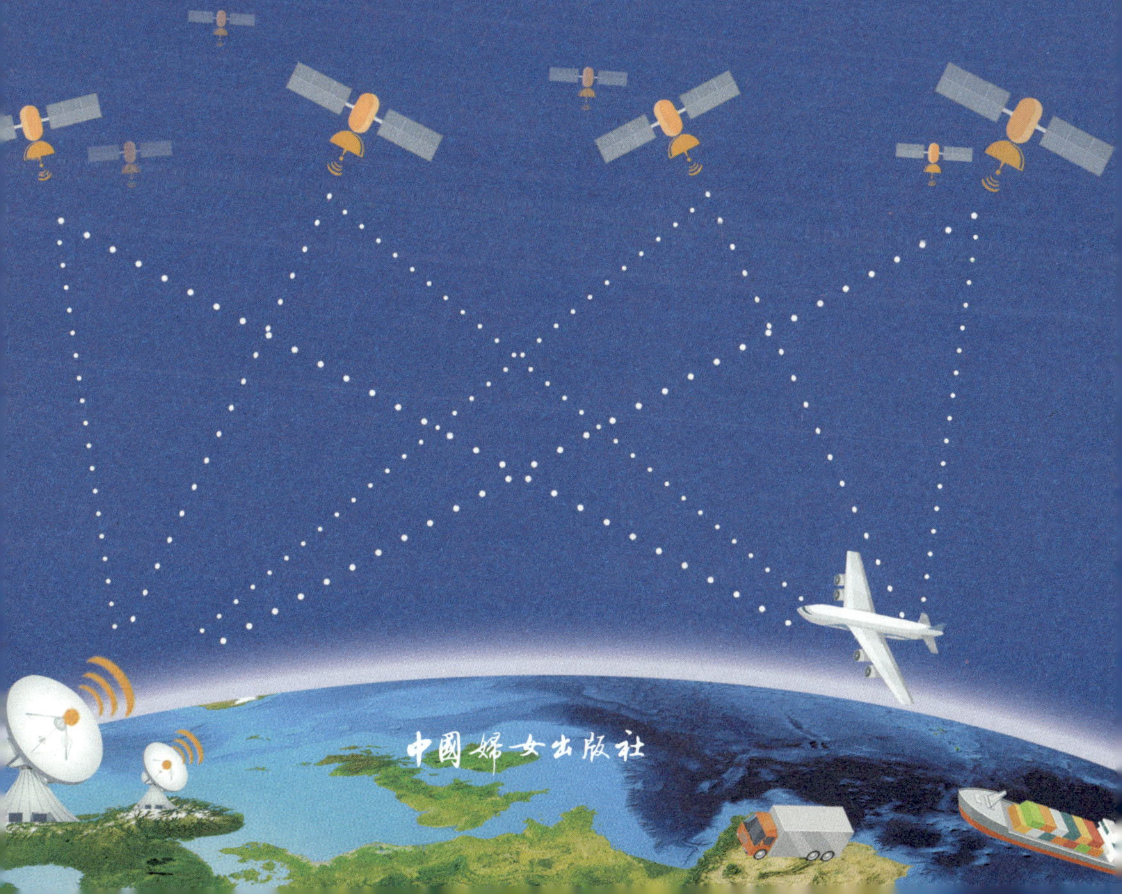

中国妇女出版社

图书在版编目（CIP）数据

携“北斗”闯世界 / 王淑芳著. -- 北京 : 中国妇女出版社, 2025. 8. --（科学家妈妈讲“大国重器”）.
ISBN 978-7-5127-2515-7

Ⅰ. P228.4-49

中国国家版本馆CIP数据核字第2025NF9987号

责任编辑：肖玲玲　王琇瑾
封面设计：介末设计
责任印制：李志国

出版发行：中国妇女出版社
地　　址：北京市东城区史家胡同甲24号　　邮政编码：100010
电　　话：（010）65133160（发行部）　　65133161（邮购）
网　　址：www.womenbooks.cn
邮　　箱：zgfncbs@womenbooks.cn
法律顾问：北京市道可特律师事务所
经　　销：各地新华书店
印　　刷：北京中科印刷有限公司

开　　本：165mm×235mm　1/16
印　　张：14
字　　数：200千字
版　　次：2025年8月第1版　　2025年8月第1次印刷
定　　价：69.80元

自序

我是追“星”人

导航如今在人们日常生产生活中扮演着重要角色，时刻陪伴在我们身边。北斗作为世界四大全球卫星导航系统之一，是我国走向世界的一张亮丽名片。北斗系统从 1994 年开始建设，今年是北斗诞辰 30 周年，作为参与北斗系统建设的首批大学生之一，我在这个节点上不禁心潮澎湃。回忆北斗成长的点点滴滴时我发现，我的人生也早已与它血脉相融，难以分割。

我从小在农村长大。我做梦都没想到，自己不但能走出东北平原那一望无垠的玉米地，看到外面精彩的世界，有一天还能走进庄严肃穆的人民大会堂，参加了中国共产党第十九次全国代表大会。就是在这次大会会场，我遇见了小时候在课本上才能见到的榜样人物——张海迪姐姐。

1983 年，中共中央发出《向张海迪同志学习的决定》，党和国家领导人邓小平、叶剑英、李先念等老一辈无产阶级革命家先后为张海迪题词，表彰她积极进取、无私奉献的精神。那时还在读小学的我，被海迪姐姐身残志坚的成长故事深深打动了。她就像一颗闪亮的星，照亮了我的心灵。尤其是海迪姐姐在《中国青年报》发表的文章《是颗流星，就要把光留给人间》对我的影响特别大，我读完后在心里暗暗发誓，要像海迪姐姐那样，面对困难永不退缩，长大了做一个对社会有用的人。

在我心里，海迪姐姐一直是故事里的人，仿佛离我很远很远。直到走进人民大会堂，当我看到她名字的时候，还是不敢相信这一切都是真的。等确认“她”就是海迪姐姐本人时，我内心无比兴奋，小时候的情景一下子在脑海中跳了出来。在会场，我特意去向海迪姐姐表达了对她的敬仰和感激之情。那一刻，我最大的感受是，只要努力，一切皆有可能！

所有美好梦想的实现，都需要一个目标的指引，需要孜孜不倦地努力和持之以恒地付出。成功在平凡中孕育，把每一件事情做好就是不平凡。我是一个平凡的人，感恩遇见北斗，我的人生因此不再平凡。

1994 年，我在一次特殊的毕业校招会上了解到，我国准备建设北斗系统，一旦建成，它将成为世界上第三个卫星导航系统，我国将与美国和俄罗斯两个超级大国并驾齐驱。这个目标实在太宏伟了，深深地吸引了即将大学毕业的我。投身北斗事业，正好符合了我一直以来的梦想——像海迪姐姐那样做一个对社会有用的人。

1995 年，我从北京航空航天大学毕业后，义无反顾地选择了投身军戎，成为中国北斗系统建设的第一代大学生。作为北斗系统建设的初创团队成员，我见证了北斗的诞生，也见证了北斗的艰难成长过程。那是一段艰难的岁月，更是一段辉煌的岁月，我凭借过硬的科研能力和踏实的科研精神，成为北斗系统最年轻的主任设计师。激情燃烧的火红岁月，投身北斗事业，点亮生命，我的人生从此不留遗憾。

2007 年，我舍弃北斗研发成功带来的各种奖项、成果，主动向组织请缨，脱下军装转业到交通运输部，在北斗产业化推广的道路上艰难探索。隔行如隔山，跨越千山万水，通过多年努力，我再次走向成功。我所认定的成功，并不是因为获得了各种荣誉，而是因为大规模营运车辆使用北斗，避免了很多交通事故，挽救了一条条鲜活的生命和一个个幸福的家庭，在我眼里，这份成功同样是沉甸甸的。为推动北斗产业化，我错过北斗技术研发 14 年，虽然与北斗有关的国家级奖项没有我的名字，但我亲自推动了北斗技术在交通领域的不断发展和壮大，亲自见证了北斗对交通民生的贡献，因此我无怨，亦无悔。

2022 年，我离开交通运输行业，再次回到北斗技术体系。我要把多年来对北斗应用的认知和思考转变成产品，反过来促进北斗技术的进步与发展。挥别过去，留白未来，50 岁的我再次踏上新征程。一切美好梦想的实现都来自强大的精神激励，人生就是一个不断探索、不断成长的过程。这一次转身，我也不知道能否再次收获成功，但我知道，自己的人生已经迈出了舒适区，向更高的山峰出发。

自从参加工作以来，我没有叱咤风云的壮举，更没有惊天动地的事迹，遵从内心，追求卓越，跟随时代的潮流，陪着北斗走过了 30 个春夏秋冬。在这 30 年里，我不断面临新的选择，每一次选择都充满了新奇、挑战和欣喜，风雨过后是彩虹，选择过后是涅槃重生，这些选择，最终为我的人生增添了无限精彩。

作为一名科研工作者，我更习惯于实实在在的科学研究，一开始，面对采访、宣传、作科普讲座时，我感到十分陌生，甚至内心抗拒，觉得浪费时间。直到 2017 年遇到海迪姐姐后，我突然意识到，给孩子们讲一讲北斗故事，讲一讲我的成长经历，在孩子们心中播撒下科学的种子，培养他们对科学研究的向往之情，这些远比我一个人埋头做科研更有价值。于是我经常利用出差或者业余时间作北斗科普，用我的北斗科普和北斗人生故事，点亮孩子们心中那颗最亮的“星”，这也是我写本书的初衷。

王淑芳

2024 年 9 月 3 日于北京

礼赞北斗

王淑芳

航天空竞，列国雄争
智创北斗，步起双星
专家院士，会聚居中
莘莘学子，弃笔从戎
孱虚羸弱，蹒跚孺征
抟黄擔拽，低调诞生

频轨资源，分秒必争
青丝白发，日夜兼程
迷途险阻，久久为功
寒暑未惧，铁骨铮铮
荫功弃禄，隐姓埋名
三十余载，艰苦前行

三代叠进，疾步追耕
洪荒瀚宇，灿耀凌空
率先范用，交通领兴
市井传颂，各业抢争
全球开通，稳定运行
气昂世界，辉煌扬中

生兮壮兮，俱已过矣
功兮名兮，俱已往矣
北斗技术，国之重矣
北斗精神，族之魂矣
辰兮斗兮，亘古存矣
你兮我兮，俱应续矣

目 录

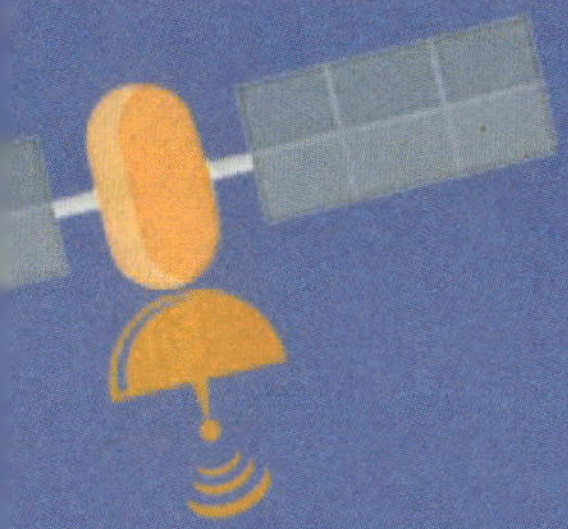
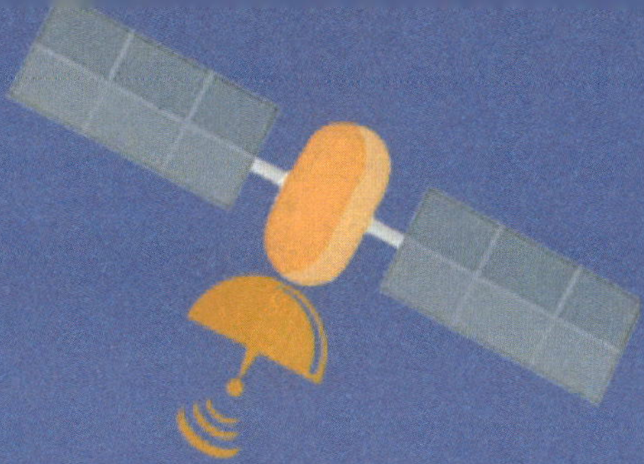

1

科学家带你
初识北斗

就在我准备写这本书的时候，有一个单位请我去做北斗讲座，现场有很多人，他们听了我讲北斗和北斗人的故事后，都很兴奋，讲座结束后大家意犹未尽，仍然留在会场热烈地讨论着。

一位女士握着我的手激动地说："北斗真厉害，世界上只有4个全球卫星导航系统，其中就有我们中国的北斗。30年来你们默默付出，真是太伟大了！我没有机会参与北斗系统建设，但我也想给北斗做点贡献，哪怕花点小钱买个北斗产品也行啊。我怎么才能用上北斗呢？有北斗手机吗？我马上就去买一个。"

一位年轻小伙子挤过人群，拿着手机给我看："王老师，刚才开车过来的时候，我用的是高德导航，有北斗导航软件吗？在哪里能下载呢？"

一位面容清秀的女生非常认真地问我："今天听了您的讲座我才知道GPS（美国卫星导航定位系统的简称）不是我们国家的，原来这么多年我们一直在用国外的导航系统。用国外的导航系统我们会被监控吗？"

旁边一位戴眼镜的男士，一看就是科研型，他说：

“王老师，我从小就喜欢航天，现在也想参加北斗系统建设，给国家做贡献，北斗是哪个单位的？我还有机会参加吗？”

……

时至今日，北斗早已深入人们的生产和生活中。由于北斗卫星飞行在遥远的太空，北斗芯片藏在手机、手表等终端设备里，人们看不见、摸不着，但北斗却实实在在地陪伴着我们。根据中华人民共和国国务院新闻办公室2022年11月发布的《新时代的中国北斗》白皮书介绍，截至2021年底，具有北斗定位功能的终端产品社会总保有量超过10亿台（套），国内智能手机出货量中支持北斗的为3.24亿部，占国内智能手机总出货量的94.5%。

人们之所以对北斗有这些疑问，是因为对北斗的认识不够深入，哪怕正在使用着北斗，也浑然不觉。本章将初步介绍北斗的前世今生，让大家对北斗有初步的了解，后续章节再逐渐深入介绍，回答上面这些疑问。

北斗导航名字的来历

“北斗”源于自然界的北斗七星

人类很多发明都起源于对大自然的认知。人们最早用太阳指引方向，可是晚上的时候看不见太阳怎么办呢？于是人们又发现了比太阳指引方向更好的办法，这就是星座导航。

什么是星座？人们按空中恒星的自然分布将太空划成若干区域，大小不一，每个区域叫作一个星座。人们还用虚拟的线条将同一星座内闪亮的星星连接起来，形成各种图形，并根据图形形状，分别以近似的动物、器物来为它们命名，比如人们比较熟悉的十二星座：水瓶座、双鱼座、白羊座、金牛座、双子座、巨蟹座、狮子座、处女座、天秤座、天蝎座、射手座、摩羯座。夜晚的时候，人们可以依靠星座在不同时间的不同位置来指引方向。

随着航空航天技术发展，人造地球卫星被发送到太空，人们把人造卫星按照需要进行编组，让它们在太空运行的时候构成想要的形状，这就是人造卫星星座。人造卫星星座主要包括三大类：一类用于卫星通信，比如卫星电话；一类用于卫星遥感，比如气象预报；一类用于导航，比如北斗导航。

北斗卫星导航系统虽然属于人造卫星星座，它的名字却来源于天上的自然星座。自然界中的北斗星一共有七颗，它们属于大熊星座。大熊星座中比较明亮的七颗星构成一个星群，这七颗星用线连接起来，构成的图形类似于舀水的斗勺，从斗头到斗柄七颗星星的名字分别被命名为天枢、天璇、天玑、天权、玉衡、开阳、瑶光。古代中国人把它们称作“北斗七星”。我国北斗卫星导航系统的名字就源于自然界“北斗七星”中的“北斗”二字。

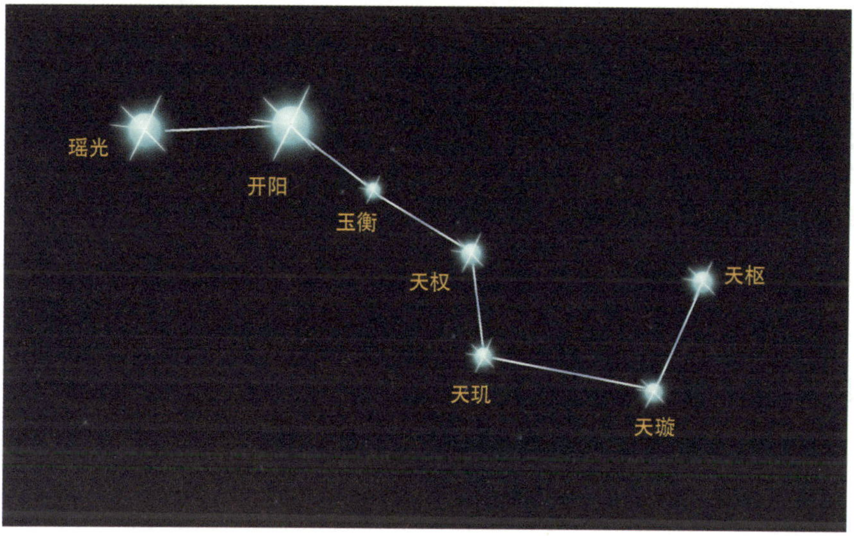

北斗七星图

北斗导航的起名过程

北斗卫星导航系统有两个正式名字，一个是北斗，一个是COMPASS。北斗是实际工作中使用的名字，随着北斗系统国际影响力越来越大，北斗这个名字也越来越被广泛使用。COMPASS 是我国卫星导航系统用于国际频率协调的名字，现在参加国际电信联盟会议依然使用这个名字。

北斗系统建设初期，筹备北斗的团队还没有想好给我国自主知识产权的卫星导航系统取什么名字，因为北斗系统是 1994 年立项的第 2 个国家重大工程专项，于是正式文件中就采用“942”这个工程代号来称呼北斗。除了这个正式的代号，其实北斗系统筹备建设初期还有一个“小名”，叫“双星”。“双星”这个“小名”也是有来历的。

我国最早提出建设卫星导航系统是在 20 世纪 80 年代，当时美国和苏联两个超级大国的卫星导航系统都已进入卫星实验阶段，提出的都是 24 颗卫星的星座。我国当时综合国力还不够强大，但抢占卫星导航制空权迫在眉睫。北斗筹备团队创新地提出用 2 颗卫星建设区域卫星导航系统，先“占坑”，解决我国“有无”自主卫星导航系统的问题，等以后国家经济实力雄厚了再逐步提升系统能力。因为只用 2 颗卫星，北斗初创团队在工作交流中就叫它“双星定位系统”，把筹备北斗的团队叫作“双星筹备办公室”，后来干脆直接叫“双星”。

北斗 2 颗卫星分别“悬挂”在中国领空斜上方地球静止轨道的东边和西边。当时我刚结婚还没要孩子，曾经开玩笑说：“将来我要是生了双胞胎，小名就叫‘东东’和‘西西’。”因为忙于北斗系统建设，我一直推迟要孩子的计划，结婚 10 年女儿才出生。女儿出生的时候，我早已经忘记了当年“东东”和“西西”这个玩笑，提笔写这本书的时候回忆起这段往事，突然发现一个巧合，我女儿名叫琳汐，“汐”谐音“西”，也许在我心里，北斗“东东”和“西西”就像我的孩子，已经根植我的内心深处。

向太空中发射北斗卫星要向国际电信联盟提申请，这可是给我国

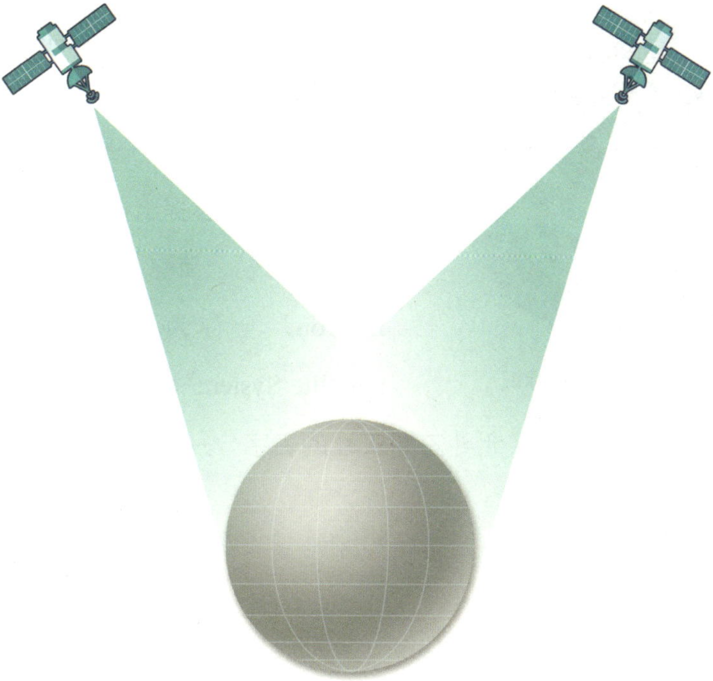

北斗双星示意图

卫星导航系统到国际“上户口”的大事，总不能还叫它的工程代号吧，更不能叫“双星”这个“小名”。最初，北斗系统与其他卫星系统一起报给国际电信联盟时，直接叫“中国星”（China Satellite），再给个卫星编号，没有什么特色。后来，北斗初创团队觉得应该给它起个有特色的名字，于是集思广益，各抒己见，总体意见基本一致，都认为我们国家自己的卫星导航系统名字要有中国特色，于是就用了 COMPASS，中文意思是指南针。指南针是我们中国古代四大发明之一，的确有中国特色。指南针的作用是辨别方向，北斗是导航，用这个名字代表中国卫星导航系统没有问题。虽然 COMPASS 这个英文名字报上去了，但在工作中大家还是习惯叫它双星。直到 1998 年，北斗团队开始研究北斗未来发展，提出“三步走”战略，未来的卫星导航系统叫“双星”不合

北斗卫星导航系统标识

适，需要起个正式名字。北斗导航属于航天，是高科技，怎么能既代表导航又代表航天呢，于是北斗创始人之一的卜庆君同志提出把它叫作“北斗卫星导航系统”，简称“北斗”，英文音译BeiDou，全称为“BeiDou Navigation Satellite System”，简称BDS。北斗这个名字一直沿用至今。北斗三期工程的名字分别叫“北斗一号”“北斗二号”“北斗三号”。

北斗导航的初始含义

为什么“北斗”能代表我国的卫星导航系统呢？这源于我国古代对北斗七星的崇拜和应用，北斗七星在我国古代就被用来指引方向、分辨四季和标定时刻。

通过北斗七星可以找“北”。把北斗七星前两颗星天璇和天枢之间连线，并沿着这条线段向天枢的方向走，一直走到这条线段5倍长的距离，这个地方有颗星，它就是北极星。北极星很亮，位于地球地轴的北端，从地球上看过去北极星是静止不动的，找到北极星就是找到地球的“北”了。有兴趣的朋友可以在有星星的夜晚，叫上你的好朋友一起去找“北”哦！

通过北斗七星可以分辨四季。北斗七星在太空中的位置不是一成不变的，随着时间变化，北斗七星的斗柄指向呈周期性变化。先秦时期的典籍《鹖冠子》中记载：“斗柄东指，天下皆春；斗柄南指，天下

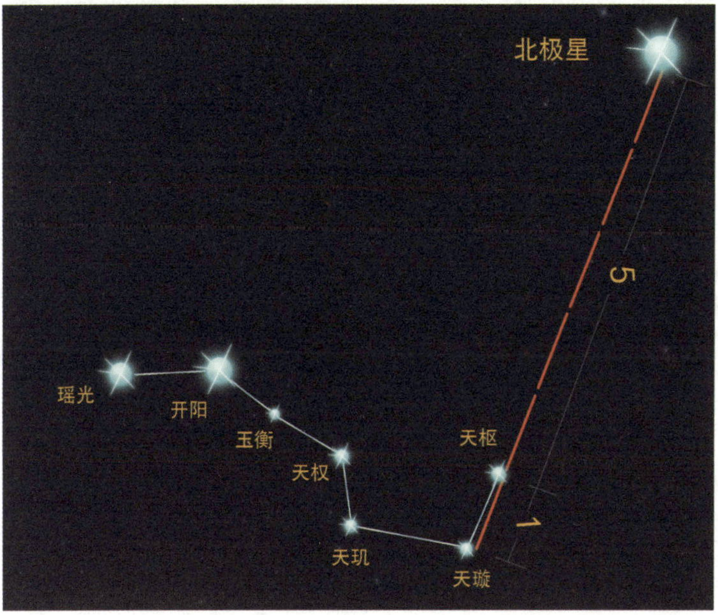

北斗七星找“北”示意图

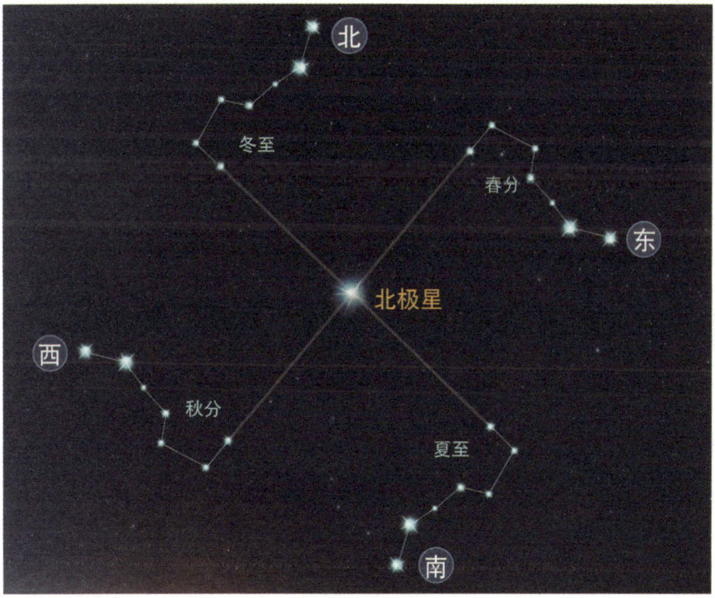

北斗七星四季位置图

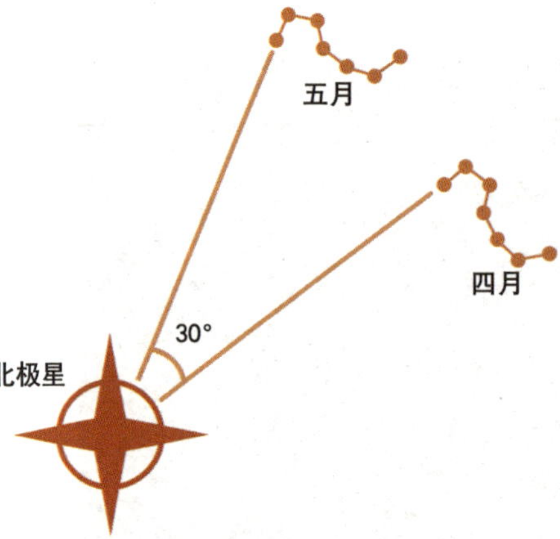

北斗七星标定时刻示意图

皆夏；斗柄西指，天下皆秋；斗柄北指，天下皆冬。”也就是说，北斗七星构成一个勺子的形状，其中天枢、天璇、天玑、天权构成勺“斗”的形状，天权、玉衡、开阳、瑶光构成勺“柄”的形状。北斗七星的勺柄指向东边的时候，表示春天来了，对应的节气是“春分”；北斗七星的勺柄指向南边的时候，表示夏天来了，对应的节气是“夏至”；北斗七星的勺柄指向西边的时候，表示秋天来了，对应的节气是“秋分”；北斗七星的勺柄指向北边的时候，表示冬天来了，对应的节气是“冬至”。

北斗七星可以标定时刻。将北斗七星的指向随时间变化进一步细化，可以标定月份和标定时刻。北斗七星的斗柄每个月在天球上移动30°，根据这个特点，可以标定一年中的12个月。《淮南子·天文训》记载：“帝张四维，运之以斗，月徙一辰，复反其所，正月指寅，十二月指丑，一岁而匝，终而复始。”也就是说，天帝通过北斗七星掌控四方，月亮一个月的变化对应一个时辰的变化，循环变化，从正月到十二月正好对应十二时辰，分别为寅、卯、辰、巳、午、未、申、酉、戌、亥、子、丑，一年到头这一轮就停止了，再重新开始轮回。

北斗七星是自然界的恒星星群，北斗卫星是人造地球卫星，虽然星的来源不同，但为人类指引方向的作用是一样的。古望北斗知南北，今携“北斗”走天下。北斗导航已经成为人们生活中不可缺少的出行手段，是中国科技界一颗闪亮的新“星”。

北斗系统的发展历程

20 世纪 80 年代初期，美国和苏联分别提出建设全球卫星导航定位系统并技术验证成功，有点实力的国家都跃跃欲试，想拥有自己的卫星导航系统，我国的科学家也一直在密切关注，计划建设中国的卫星导航系统。那个年代我国正处于改革开放初期，国家经济实力有限，于是采取了“三步走”发展战略，通过不断迭代式发展，最终建成了“北斗卫星导航系统”，并于 2020 年 7 月 31 日全球开通。

北斗卫星导航试验系统

建设全球卫星导航系统要花很多钱，以我国当时的经济条件来建设是不现实的。但是没有条件创造条件也得干，条件受限反而激发了我国科学家的智慧。1983 年，“两弹一星功勋奖章”获得者陈芳允院士创新地提出“利用 2 颗卫星进行定位”的大胆设想，这个方案在卫星导航史上是首创；1989 年，北斗论证团队在北京某航天基地完成技术试验，经过地面模拟验证，利用 2 颗卫星实现定位基本可行；1994 年，国家批复北斗系统工程建设立项，代号“942”。

当时国际卫星导航定位系统采用 RNSS 技术体制（解释见第 13 页“问问科学家”），北斗系统只有 2 颗卫星，只能采用 RDSS 技术体制

（解释见第 13 页“问问科学家”）。RDSS 技术体制没有成熟经验可以借鉴，有太多原创性技术需要研究和探索，所以我国第一代卫星导航系统的名字是“北斗卫星导航试验系统”（简称“北斗一号”），而不是直接叫“北斗一号卫星导航系统”。北斗一号系统用了“试验”两个字，说明北斗系统能否成功建成还有很多不确定性，这也正是部分北斗初创团队人员中途离开的原因，因为万一试验不成功，自己的青春就浪费了，所以坚持做北斗就是在赌青春、赌人生。可是，如果没有坚持和坚守，又怎么可能有今天的北斗呢？

2000 年 10 月和 12 月，我国分别发射 2 颗卫星，初步建成只有 2 颗卫星星座的双星定位系统，实现了我国及周边地区的全覆盖、全天候服务。2003 年，我国发射第 3 颗卫星作为北斗一号系统备份卫星，第 3 颗卫星就像篮球场的替补队员，时刻准备着万一哪颗工作卫星坏了，赶紧替补到位。北斗一号系统具备卫星定位、授时和短报文通信三大功能。

RDSS 技术体制下，北斗一号系统能够服务的用户数量是有限的。参加过大型群体活动的人都有切身感受，成千上万人同一时间聚在一个地方，附近的公网基站被瞬时发来的通信信号堵塞，这时候手机电话就打不通了。北斗一号系统和这种情况类似，所有用户的定位都要由天上的 2 颗卫星转发，所有用户的定位都由唯一的地面运行控制系统进行解算，2 颗北斗卫星和 1 个定位地面运行控制系统“忙”得不可开交，还是无法满足大量用户同时使用的需求。曾经有人提出，如果北斗一号系统直接采取 RNSS 技术体制，用户容量不受限制，是不是更加合理？我个人认为，北斗一号系统采用 RDSS 技术体制，不仅解决了定位问题，还同时解决了卫星通信问题，在当时的国力情况

问问科学家

问：什么是 RNSS、RDSS 和 GNSS？

答：RNSS 和 RDSS 是两个卫星导航专业术语，代表两种卫星定位体制。GNSS 是全球卫星导航系统的总称。

RNSS 是 Radio Navigation Satellite Service 的英文首字母缩写，汉语意思是卫星无线电导航业务，也称无源定位。无源定位的工作原理类似于广播，信号由广播电台向用户单向传播，用户有台收音机就能听广播。RNSS 卫星信号也是单向传播的，由卫星向地球连续播发，用户有台终端设备就能导航定位。RNSS 技术体制的好处是用户容量不受限。缺点是至少需要 4 颗卫星才能定位（见第四章“北斗是怎样工作的”），系统建设维护成本高。

RDSS 是 Radio Determination Satellite Service 的英文首字母缩写，汉语意思是卫星无线电测定业务，也称有源定位。有源定位的工作原理类似于手机短信，短信信号是双向的，有发有收才能完成一次完整通信。RDSS 用户需要先向卫星发射定位申请，卫星将定位申请转发给地面运行控制系统，地面运行控制系统解算出用户位置后，再通过卫星把用户位置信息转发给用户。RDSS 技术体制的好处是最少用 2 颗卫星就能定位，维护成本低。还有一个好处是，因为具有双向传输能力，还可以实现卫星短报文通信，定位和通信一举两得。RDSS 是北斗系统为满足阶段性发展需要独创的技术体制。缺点是因为需要双向收发信号，用户容量受限。

GNSS 是 Global Navigation Satellite System 的英文首字母缩写，汉语意思是全球卫星导航系统，是世界所有全球卫星导航系统的统称。对应于 GNSS，RNSS 也可以是 Regional Navigation Satellite System 的首字母缩写，是区域卫星导航系统的统称。

下，采用 RDSS 技术体制是最优的技术路线。虽然北斗一号系统服务能力不尽如人意，但解决了我国拥有自主知识产权卫星导航系统的问题。北斗一号系统的建成，对我国卫星导航系统建设具有重要的里程碑意义。

北斗二号区域卫星导航系统

北斗一号系统虽然解决了我国卫星导航系统的自主可控问题，但系统服务能力有限，无法满足更多用户使用需求，需要对系统服务能力进行提升。在 RDSS 技术体制下，系统用户数量提升能力是有限的，必须采用 RNSS 技术体制，这是国际上通用的卫星定位体制。北斗一号系统的短报文通信服务是我国卫星导航系统特有的功能，这一优点要发扬光大。

经过十年快速发展，我国经济实力不断增强，已经有足够的经济实力对北斗一号系统进行升级。2004 年，我国第二代北斗卫星导航系统启动论证建设，代号“北斗二号”。2007 年北斗二号系统发射第 1 颗卫星，2012 年完成 14 颗卫星的星座组网，具备为亚太地区提供全天候无源定位、测速、授时和短报文通信服务。

北斗二号系统实现了 RNSS 无源导航服务，用户数量不受限制是最大的进步；北斗二号系统兼容北斗一号系统星座，不但保持了北斗短报文通信功能，而且用于通信的卫星数量增加了，通信服务能力也增强了；北斗二号系统验证了全球卫星导航技术，为北斗三号系统建设做了充足的技术准备。北斗二号系统的技术演进，正好体现了北斗卫星导航系统“三步走”迭代发展的过程。

北斗三号全球卫星导航系统

北斗二号系统验证了 RNSS 技术体制，为北斗三号系统建设奠定了良好的技术基础，于是北斗三号系统加快了建设步伐。2009 年北斗三号系统启动论证建设。2015 年 3 月发射首颗北斗三号系统试验卫星。2020 年北斗三号系统全面建成并向全世界开放服务。

北斗三号系统星座卫星数量为 30 颗。北斗三号系统首次通过星间链路实现卫星与卫星之间、卫星与地面之间一体化组网运行，不仅可以基于国内布站条件提供全球定位服务，还可以在脱离地面支撑的条件下，实现一段时间内的卫星独立运行服务，提升了北斗系统的自主生存能力。

北斗三号系统的亚太区域短报文通信服务能力进一步提升，并具备了全球短报文通信服务能力。北斗三号系统除了具备定位、授时和短报文通信 3 项基本功能外，还增加了向亚太地区提供区域精密单点定位、星基增强、地基增强、国际搜救 4 项特色服务。搜救业务不是卫星导航系统的主要功能，本书不做重点介绍，其他 3 项特色定位服务在第四章“北斗是怎样工作的”有专门介绍。

北斗系统的国际地位

说起导航，人们经常会听到“GPS”这个名词。近几年，随着我国北斗卫星导航系统逐渐成熟并投入使用，人们才开始了解到，原来卫星导航不仅有GPS，还有北斗。可是作为大众用户，人们很难说清什么是GPS，什么是北斗，也不了解北斗卫星导航系统在国际上到底处于什么样的地位。

现在世界上一共有4个全球卫星导航系统和3个区域卫星导航系统。全球卫星导航系统包括美国的全球定位系统（GPS）、俄罗斯的格洛纳斯全球卫星导航系统（GLONASS）、中国的北斗全球卫星导航系统（BDS）和欧盟的伽利略全球卫星导航系统（GALILEO）。区域卫星导航系统包括日本的准天顶卫星导航系统（QZSS）、印度的星座导航系统（NavIC）和韩国的韩国增强卫星系统（KASS）。下面简单介绍一下除了北斗以外的其他几个卫星导航系统基本情况，便于大家对卫星导航系统有概括性的了解。

美国GPS系统

GPS是Global Positioning System（全球定位系统）的英文首字母缩写，是美国卫星导航系统的简称。GPS系统根据技术迭代发展过程主要分为 3 个阶段。1978 年 2 月，美国发射第一颗卫星，进入第一代系统建设阶段；1984 年 3 月，美国正式启动第二代卫星研制，增加了卫星服务自主运行等新能力；1993 年 12 月，美国宣布 GPS 系统初步运行，具有 24 颗在轨运行卫星；1995 年 6 月，GPS 系统具备完全运行能力。2008 年 5 月，美国启动第三代卫星研制，增加了国际搜救等新功能。GPS 系统由美国政府维护，任何配备 GPS 接收机的用户均可免费使用。GPS 系统提供两种定位服务，一种是精确定位服务（PPS），一种是标准定位服务（SPS），其中免费开放的是标准定位服务。

俄罗斯 GLONASS 系统

GLONASS 是 Global Navigation Satellite System（全球卫星导航系统）的英文缩写，是俄罗斯卫星导航系统的简称，中文简称格洛纳斯。GLONASS 和 GPS 一样，也经历了技术不断迭代发展的过程。1982 年 10 月，发射第一颗试验卫星，进入第一代系统建设阶段；1993 年 9 月具备初始运行能力（12 颗卫星）；1996 年初，由 24 颗在轨卫星组成的星座全面投入运行，但由于俄罗斯经济困难，导致系统维护经费不足，到 2002 年，GLONASS 星座减少到只有 7 颗卫星。2011 年 12 月，在俄罗斯政府的支持下，GLONASS 系统在轨卫星数补充至 24 颗，恢复全球服务能力。GLONASS 具备两种服务能力，其中未加密导航信号向世界免费开放。

欧盟 GALILEO 系统

GALILEO 是欧洲联盟组织的卫星导航系统简称，中文简称伽利略，以欧洲近代自然科学的创始人、意大利天文学家伽利略（Galileo Galilei）的名字命名。伽利略系统于 2003 年末启动，由欧洲航天局执行，由欧洲航天局和欧盟共同资助。2005 年发射第一颗卫星，2014 年投入运营。伽利略系统采用 30 颗卫星星座，其中 24 颗工作卫星，6 颗备份卫星。GALILEO 系统提供三类定位服务：第一类是免费开放服务；第二类是公共管制服务，通过授权提供定位服务；第三类是商业服务，通过选择性加密，提供增值服务。GALILEO 系统也具备国际搜救服务能力。

日本 QZSS 系统

QZSS 是 Quasi-Zenith Satellite System（准天顶卫星系统）的英文首字母缩写，是日本卫星导航系统的简称。准天顶的意思是卫星们主要在日本上方太空飞行。日本政府于 2003 年开始部署，第 1 颗卫星于 2010 年发射，由 4 颗卫星组成的 QZSS 于 2018 年正式提供服务。日本政府正在逐渐扩展 QZSS 服务能力，计划于 2025 年完成 7 颗卫星系统建设，2030 年完成 11 颗卫星系统建设。QZSS 系统可提供区域导航定位服务和全球卫星导航系统增强服务。区域导航定位服务确保日本域内拥有自主可用的卫星导航服务能力，并可通过自主导航卫星对城市峡谷等 GPS 信号难以覆盖的地方补充卫星系统覆盖性。为满足不同用户需求，QZSS 系统通过全球卫星导航增强服务，在日本空域提供符合国际民航标准要求的星基增强服务和不同等级的高精度定位服务。

印度 NavIC 系统

NavIC 是 Navigation with Indian Constellation（印度星座导航）的英文缩写，是印度区域导航卫星系统的简称。NavIC 由印度空间研究组织建设和管理。2006 年开始建设，2018 年正式投入运营，一共有 7 颗卫星。和日本准天顶系统类似，也是区域卫星导航系统，为印度及其周边地区提供导航定位服务。NavIC 可以提供标准定位和受限定位两种服务，标准定位公开免费服务，受限定位服务通过加密进行授权管理。

韩国 KASS 系统

KASS 是 Korea Augmentation Satellite System（韩国增强卫星系统）的英文首字母缩写，是韩国卫星导航增强系统的简称。KASS 系统由韩国交通部组织设计和建设，系统设计为 5 颗地球同步轨道卫星（GEO），可提供全球卫星导航系统星基增强服务。第 1 颗卫星于 2022 年 6 月开始运行，第 2 颗卫星计划于 2024 年发射，第 3 颗卫星计划于 2027 年发射，第 4 颗卫星和第 5 颗卫星将与韩国定位系统（KPS）计划联合提供服务。

北斗彰显中国实力

我经常会被人问到“北斗导航和国外导航系统相比谁更厉害”这个问题。首先，北斗系统是全球卫星导航系统，日本 QZSS 系统和印度 NavIC 系统都是区域导航系统，区域导航系统和全球卫星导航系统的服务能力是无法相提并论的，所以北斗系统服务能力优于日本 QZSS 系统、印度 NavIC 系统和韩国 KASS 系统。其次，北斗系统与其他 3 个全球卫星导航系统相比，这一点不太好说。打个比方，甲品牌空调和乙品牌空调谁更厉害呢？这两个品牌空调的功能差不多，性能也差不多，生产厂家不同而已。从用户的角度看，不同全球卫星导航系统之间没有明显差别，提供的服务能力都可以满足我们日常生活的需要。现在卫星导航产品中，基本是多模导航芯片，4 个全球卫星导航系统信号都能接收，看见谁家的卫星就用谁家的，甚至可以混合着使用。就好比一间屋子里有好几台空调，你可以打开这个品牌的空调，也可以打开另一个品牌的空调，两个品牌的空调制冷效果差不多，如果几个品牌的空调同时打开，制冷效果就更好了。如果空调都设置成一样的温度，多打开一些空调只能对从墙和窗户进来的热风抵御能力强一些，但对最终温度影响不会太大。卫星导航也一样，多用一些卫星，定位精度也会略高一些，但不会出现太大变化，定位精度取决于系统本来的服务能力，不会因为多用一颗卫星就有质的提升。

和世界上其他卫星导航系统不一样，北斗系统还设计了卫星短报文通信功能，这是北斗系统所特有的。北斗三号系统还在中国区域提升了北斗的定位服务精度，所以我国用户会感到北斗系统比 GPS 等其他卫星导航系统的定位精度高。一般情况下，卫星导航定位精度是 10 米左右，是没法区分开车道的。我们经常在手机导航软件上听到语音信息“北斗车道级导航为您服务”，就是因为使用了北斗的高精度定位服务。北斗系统的这些额外能力，就像空调增加了加湿功能，相比普通空调服务能力更强。

世界上只有4个全球卫星导航系统，其中就有我国的北斗系统，北斗系统彰显了我国科技能力和经济实力的国际影响和地位。

问问科学家

问：卫星导航和卫星定位有什么区别？

答：在人们日常使用过程中，有时候会听到“卫星导航”，有时候会听到“卫星定位”，还有的场合会听到“卫星导航定位”，它们是什么关系？有什么区别？

美国GPS字母缩写中的P是position的首字母，position是定位的意思。position的词根posit是安置的意思，加上后缀ion，组合后position意译为确定位置；俄罗斯GLONASS和印度NavIC字母缩写中的N是navigation的首字母，navigation是导航的意思。navigation的词根nav是船舶，navy是海军，action意为行动，组合后成为navigation。navigation最初来源于拉丁语，本意是航海时使之航行到某地。后来清末民初引进中国，翻译成导航。

在卫星导航系统中，定位是导航的基础，可以为导航提供引导航行的参考；导航是定位的应用呈现，直接为用户提供引导航行服务。广义上的导航概念比定位更加宽泛，不依靠定位也可以导航，比如室内常用的视觉导航，通过摄像头识别地标、地形，也可以实现导航。

卫星导航系统的作用不仅是定位，还能测量物体运动的速度，提供卫星授时、短消息服务，定位和导航都不能完全代表卫星导航系统的功能，所以用哪个名词并不重要，重要的是它能提供什么样的服务。

问问科学家

问：从什么渠道可以了解其他卫星导航系统情况？

答：如果你想了解其他卫星导航系统进展情况，可关注其官方网站，也可通过国际卫星导航交流会获得。美国 GPS 官方网站地址是 https://www.gps.gov/，俄罗斯 GLONASS 官方网站地址是 https://www.roscosmos.ru/，欧盟 GALILEO 官方网站地址是 https://galileognss.eu/，日本 QZSS 官方网站地址是 https://qzss.go.jp/en/，印度 NavIC 官方网站地址是 https://www.ion.org，韩国 KASS 官方网站地址是 https://www.kass.re.kr。

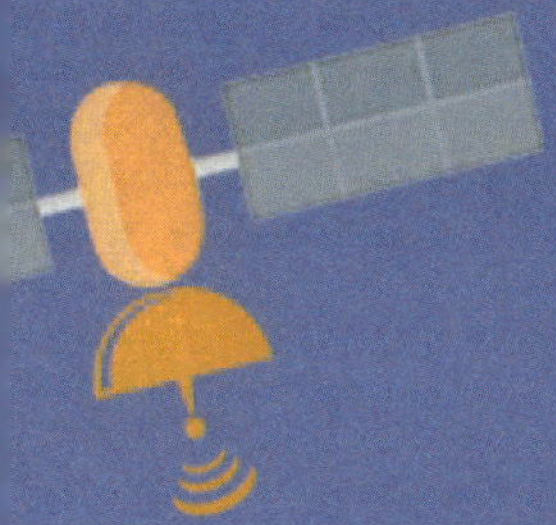

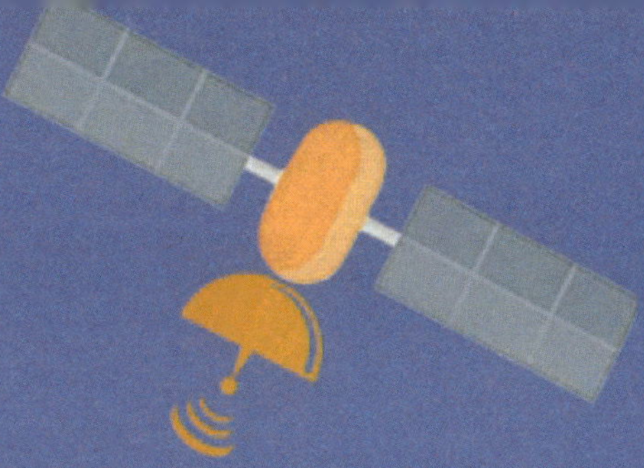

2

为什么
要建北斗

网络上盛传一个说法，因为美国关闭了GPS系统，导致“银河”号运输船失去导航，被迫在公海上停船，船员被困22天，并认为是此事触发了北斗系统的立项建设。也有人根据GPS系统投入使用时间判断，认为“银河”号事件不可能与GPS有关系。

作为长期从事卫星导航技术研究的工作者，我认为，从技术角度看，美国局域关闭GPS是可能的。因为卫星轨道是已知的，什么时间飞过“银河”号船舶上空是可以预见的，在卫星路过船舶上空时通过遥控指令关闭GPS卫星导航信号发射，技术上是可以实现的，但我更加认同有人不同意“银河”号事件与GPS有关系的说法。1993年GPS系统尚未完全建成，局域关闭GPS的可能性不大，并且船舶上大多有其他导航系统，不至于因为GPS系统关闭就真的走不出公海，看星座观天象也不至于漂泊在大海上找不到出路。此外，我国20世纪80年代就开始研究建设自主卫星导航系统，1989年完成地面演示系统，这些都发生在“银河”号之前。

无论“银河”号事件是否与GPS有关系，人们对这件事情的热切关注表明，拥有自主可控的卫星导航系统是非常必要的。

卫星导航不能受制于人

随着现代信息技术的快速发展，人们生活和社会生产中很多场景和活动都离不开卫星导航，如果卫星导航应用要依靠别人，别人又不可信赖，后果不堪设想。

美国对 GPS 系统的使用控制

美国 GPS 系统可以提供两种精度的定位服务，一种是 10 米左右的标准定位服务；另一种是 1 米左右的精密定位服务。GPS 系统向全世界免费开放的是标准定位服务，精密定位服务不对外开放，主要用于其本国的军事目的或者政府等重要客户。

美国政府出于自身安全考虑，GPS 系统免费提供服务的同时实施 SA 政策。SA 是 Selective Availability 的英文首字母缩写，意思是选择可用性。SA 政策表明，美国有权选择让你用 GPS 系统，也有权选择不让你用 GPS 系统，可以选择让你用得好，也可以选择让你用得不好。这个政策最直接的表现是，GPS 系统开放服务初期，免费提供的定位精度是 100 米。GPS 系统标准定位精度是 10 米，把 10 米变成 100 米是通过人为对 GPS 卫星信号施加干扰造成的。天下没有免费的午餐，免费使用 GPS 系统，就要接受受制于人的风险。

美国还对 GPS 系统设置了 AS 技术，AS 是 Anti-Spoofing 的英文首字母缩写，意思是防欺骗。AS 技术是通过对 GPS 系统精密定位信号加密来实现的，相当于给 GPS 系统精密定位上了一把锁，只有美国有钥匙，别人拿不到钥匙就用不了这个定位信号，也不能做出一模一样的假 GPS 系统定位信号来欺骗美国用户。既有 AS 技术保护自己，又有 SA 技术控制别人，所以美国才敢免费开放 GPS 系统的标准定位服务。

导航受制于人的风险

“选择可用性”政策最可怕的不是“不能用”，而是“不好用”的风险。如果关闭 GPS 系统导航服务，用户发现收不到卫星信号，就会知道 GPS 系统不能用了，在这种情况下用户还可以想别的办法进行导航，比如惯性导航。可如果人为对卫星信号施加干扰，使定位不准确，这就很可怕了。GPS 系统一开始对世界免费开放的定位精度是 100 米，一般用户还是可以接受的，可要是战争时期，这 100 米被变成 10000 米怎么办？把你引导到河沟里你都不知道，把你引导到外太空你也没办法。所以，拥有自主卫星导航定位系统实在是太有必要了。

摆脱受制于人的办法

针对 GPS 系统的“选择可用性”政策，很多国家都想明白了，卫星导航应用不能受制于人，得拥有自主可控的卫星导航系统。但是建设卫星导航系统可没那么容易，不仅要懂卫星导航技术，还要有本事把卫星送上太空。送上太空还不够，卫星是有寿命的，过几年就要换一颗新的卫星顶上去，还要有足够的资金来维持卫星星座的完整。所以卫星导航系统建设不仅需要有强大的技术能力，还需要有强大的经济实力支撑。

没能力建，又必须得用，这可怎么办呢？于是很多国家又想出了一个办法，建设 GPS 差分增强系统，一方面用它监测 GPS 系统好不好用，另一方面通过差分技术提高 GPS 系统的定位精度。眼见各国开始建设 GPS 卫星导航增强系统，再维持 100 米定位服务精度已经没有实际意义，2000 年 5 月 2 日，美国取消了 GPS 系统的“选择可用性”政策，这一天距离我国第 1 颗北斗卫星升空仅仅半年时间。虽然美国取消了“选择可用性”政策，但是世界各国对 GPS 系统随时可能被关闭或者随时被干扰仍然心有余悸，各国争相研究建立属于自己的卫星导航系统。然而受技术和经济能力限制，真正投入系统建设的并不多。现在没有自主卫星导航系统的国家，都尽量同时使用 4 个导航系统，避免因个别系统有问题导致导航应用不可控。

?问问科学家

问：免费开放 GPS 系统对美国有什么好处？

答：一方面美国通过导航产业链赚钱。虽然 GPS 系统信号免费播发，但要想用它定位就要有卫星信号接收处理能力。接收处理卫星导航信号的核心是定位芯片，最早 GPS 系统信号协议没有完全开放时，美国通过芯片使用授权的方式赚钱，比如你想使用 GPS 系统，就得买 GPS 芯片，能做 GPS 芯片的都是美国企业。后来 GPS 系统标准服务协议公开后，授权方式赚钱行不通了，美国靠本土企业在产业链中赚钱。以美国高通公司为例，GPS系统完全开放后，虽然别的国家也能研制出GPS芯片，但由于高通公司开展GPS芯片研制时间早，占得市场先机，现在依然是GPS芯片的主要生产商之一。

另一方面美国通过GPS系统免费使用提高国际影响力和服务渗透力。有免费的系统可以使用，其他国家容易丧失建设自主卫星导航系统的动力，从而形成对美国的依赖。在服务渗透力方面，其实已经产生了一定的效果，比如一提到卫星导航，人们都会随口说出GPS。GPS似乎成了卫星导航的代名词。很多人都不太知道，其实GPS系统是美国的卫星导航系统，哪怕自己用的是北斗导航，也会不自觉地说成GPS。

问：北斗系统还会受制于人吗？

答：北斗系统不会受制于人。经过30年的磨砺，北斗系统实现了宇航级存储器、星载处理器、大功率微波开关、行波管放大器、固态放大器等关键器件国产化研制。（来自《新时代的中国北斗》，2022年11月）

宝贵的卫星导航频率资源

卫星导航信号频率是建设卫星导航系统的必要条件之一，是非常稀缺的太空资源。任何国家想建设卫星导航系统，都得向国际电信联盟申请。申请只是第一步，要把卫星发射到天上，然后在地面接收到卫星信号，这个频率资源才最终属于你。希望早日获取卫星导航频率资源，是我国在 20 世纪 90 年代经济条件还不太强大的时候就启动北斗一号系统建设的原因之一。

卫星导航频率资源划分

无线电波的频率是分段管理的，频率的计量单位是 Hz。空间无线电通信常用的字母代码和无线电波频段对应表如下。

字母代号	标称频段
L	1.5GHz 频段
S	2.5GHz 频段
C	4/6GHz 频段
Ku	11/14GHz 频段，12/14GHz 频段
K	20GHz 频段
Ka	30GHz 频段
V	40GHz 频段

导航频率资源的稀缺性

国际电信联盟对全球卫星导航频段设定如下表所示，并禁止在该频段内进行任何危及卫星导航业务的干扰。

频率区间（GHz）	波段名称
1.164 ~ 1.215	L5/E5a/E5b/L3/B2（在航空无线电导航频段内）
1.215 ~ 1.240	L2（传统 GPS）
1.240 ~ 1.260	L2（传统 GLONASS）
1.260 ~ 1.300	Eb/B3/LEX
1.559 ~ 1.610	L1/E1/B1（航空无线电导航和传统 GPS、GLONASS）
5.010 ~ 5.030	C1

用于用户定位的卫星信号在 L 频段 1.164GHz ~ 1.610GHz，就这么一小段频率可以用于卫星导航，频率资源非常宝贵。下图是目前国

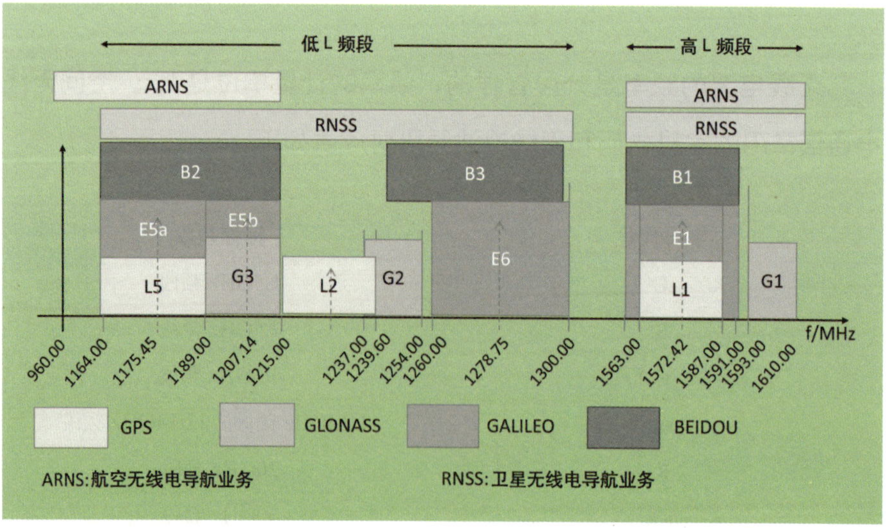

导航频率资源占用情况（摘自参考资料：全球卫星导航系统）

际 4 个全球卫星导航系统频率占用情况。从图中可以看出，每个卫星导航系统都有自己的“地盘”，甚至你中有我，我中有你，非常拥挤。虽然国际电信联盟允许频率资源共享，但是拥挤程度也是有限的。好比一座桥，允许多个人一起走，但过于拥挤就会坍塌。如果不是当年抢占先机，在国际导航界站稳脚跟，恐怕就没有今天的北斗了。

宝贵的卫星导航轨道资源

轨道资源和频率资源一样，也是建设卫星导航系统的必要条件之一，需要向国际电信联盟申请。现在各国已经展开抢占太空资源大战，美国低轨卫星通信系统“星链”计划发射 4 万多颗卫星，简直是对地球外围空间的封锁。我国也不甘示弱，正在开展自己的太空计划。太空中的卫星轨道是太空资源大战必争之地。

国际卫星轨道划分

卫星在太空中的“家”叫卫星轨道。既然被形象地称为轨道，我们不妨把它想象成生活中的交通轨道。每颗卫星都有自己独立的轨道，只不过这个“轨道”是无形的，是卫星飞行形成的轨迹。和地面交通轨道不一样的是，卫星的轨道在太空中是立体存在的，相当于立体交通。卫星在太空中的轨道有不同的分类方法，最常见的是按照卫星飞行高度分类。根据离地球远近，卫星轨道大体可分为低轨道（飞行高度小于 1000 千米）、中高轨道（飞行高度为 1000 ~ 20000 千米）、高轨道（飞行高度大于 20000 千米）。

卫星轨道资源的稀缺性

太空中的卫星轨道类似于电影院的座位，地球是电影院的屏幕，卫星们要选好自己的“座位”，看向“屏幕”，因此每个座位都是很宝贵的地方。尤其是地球静止轨道，浩瀚太空中只有一条地球静止轨道，资源最为稀缺，是各国必争的“风水宝地”。

为防止地球静止轨道上的卫星信号之间相互干扰，国际电信联盟规定每 2 颗 GEO 卫星之间至少要有 2° 间隔，绕地球一圈是 360°，所以地球静止轨道最多可容纳 180 颗卫星。北斗一号系统有 3 颗卫星位于地球静止轨道上，这个宝贵的轨道资源也是 20 世纪 90 年代争取到的。

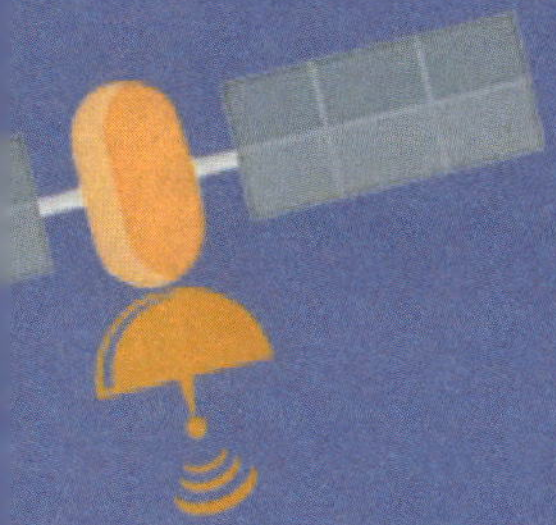
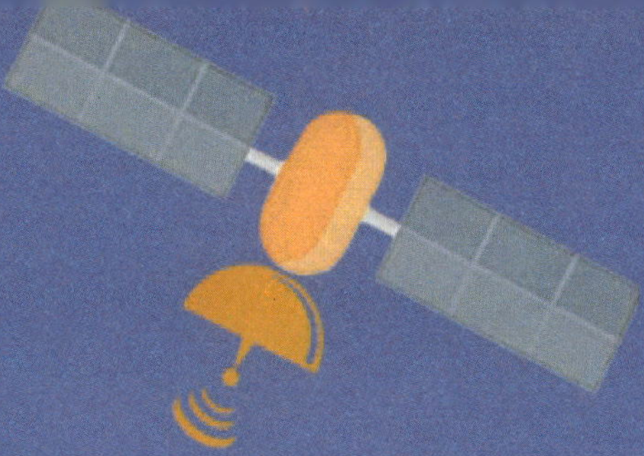

3

北斗是怎样构成的

有人说北斗是飞行在太空中围绕地球转的一群星，有人说北斗是一组大锅一样的天线，有人说北斗是集成在手表里的一颗比指甲盖还小的芯片，有人说北斗是类似老款手机“大哥大”那样的专用设备，还有人说在网上看到的北斗像个铁蘑菇头……这些说法感觉都像是盲人摸象，并没有说出北斗的全貌，北斗这个“庞然大物”到底长什么样呢?

本章将带你认识看得见、摸得着的北斗。

走近北斗导航大家族

北斗导航大家族有3个主要成员：卫星系统、地面运行控制系统、应用系统。北斗导航大家族还有3个近房亲戚：火箭系统、发射场系统、测控系统。

3个主要成员

善于“服务”的卫星系统：在深邃的太空中，有一座“北斗卫星城”，卫星城里“住”着北斗卫星们。有的北斗卫星“住”在中层，离地球高度约20000千米，它们不知疲倦地环绕着地球转圈，走到哪里，定位信号就播发到哪里，承担着“照耀”全世界、服务全人类的重要任务；有的北斗卫星住在高层，离地球高度约36000千米，它们几乎静止不动地悬挂在中国领土上空，像兢兢业业的卫士，时刻守卫着我国及周边地区。

善于“把控”的地面运行控制系统：地面运行控制系统是北斗系统的核心。如果把北斗系统比喻成千手观音，那么地面运行控制系统就是大脑，北斗卫星是胳膊，应用系统是手。手是离不开大脑控制的。大脑和手之间通过胳膊连接，胳膊越长，手伸得越远。大脑对手的把控，是通过神经系统实现的，北斗导航信号就相当于人体的神经系统。

一只手坏了不会导致生命终止，一旦大脑死亡，生命就终止了，因此，如果地面运行控制系统这个“大脑”死了，北斗系统也就彻底崩塌了。

善于“表现”的应用系统：应用系统就是一系列的终端设备，它负责把北斗系统提供的服务展现出来，相当于千手观音的“手”。不同的手表现不一样，作用也不一样。有的北斗终端装进轮船、车辆、飞机里，有的塞进手机、手表里。北斗终端千姿百态，用途广泛。

这 3 个主要系统只有密切配合才能实现北斗服务。以定位服务为例，地面运行控制系统在卫星飞行到上方的时候把定位信号发给卫星系统，卫星系统把定位信号转发给应用系统，应用系统接收定位信号并解算出定位结果，以不同的定位终端形态呈现给用户使用。3 个主要系统关系如下图所示。

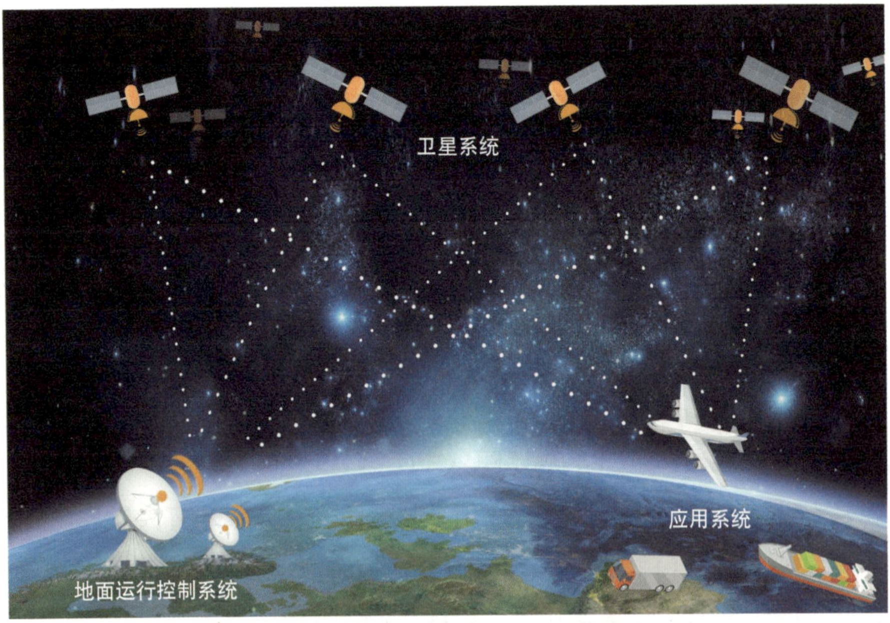

北斗导航大家族主要成员示意图

3 个近房亲戚

善于“长途运输”的火箭系统：火箭系统的作用是把北斗卫星运送到太空中，它带着卫星一起起飞，把卫星送到预定位置后，火箭和卫星分离，完成使命后火箭在返回地球过程中烧毁。火箭系统把卫星发射到太空后就完成了使命，与北斗后续服务不再有直接关系。

善于“支撑保障”的发射场系统：发射场系统确切地说是用来发射火箭的场所和配套的技术支撑系统，它的主要作用是负责把火箭（带着卫星）发射到太空。它不仅要把火箭发射出去，还要控制着火箭按照预定的路线飞行。北斗系统都是在固定陆地发射场发射的。随着现代航天技术发展，卫星体积、重量变得越来越小，发射场甚至被转移到漂浮在海上的轮船上或者飞机上。如果有一天你成为一名航天工作者，那么就有机会在发射场近距离目睹卫星发射的震撼场面。发射场系统和火箭系统一样，对于北斗系统的作用也是阶段性的，一旦把火箭送到太空，发射场系统跟北斗系统就没有关系了，它会继续承担其他卫星的发射任务。

火箭系统示意图

善于“发号施令”的测控系统：测控系统的作用是负责监测卫星，并通过无线指令控制卫星的动作，让卫星时刻保持相应的姿态、位置和队形。在卫星即将退役的时候，测控系统还负责把卫星推走，以便卫星及时“让位”给新的卫星。测控系统对于北斗系统是持续性的服务，但不是全天候的，只有在需要的时候才出面。

发射场系统示意图

测控系统示意图

北斗卫星系统

北斗卫星星座

北斗卫星星座由 30 颗卫星构成，包括 3 颗地球静止轨道 GEO 卫星、3 颗倾斜地球同步轨道 IGSO 卫星和 24 颗中圆地球轨道 MEO 卫星。从外太空视角看，北斗星座就像一个时刻流动着的球体，地球是球心，卫星们在球体表面按规律列队飞行。

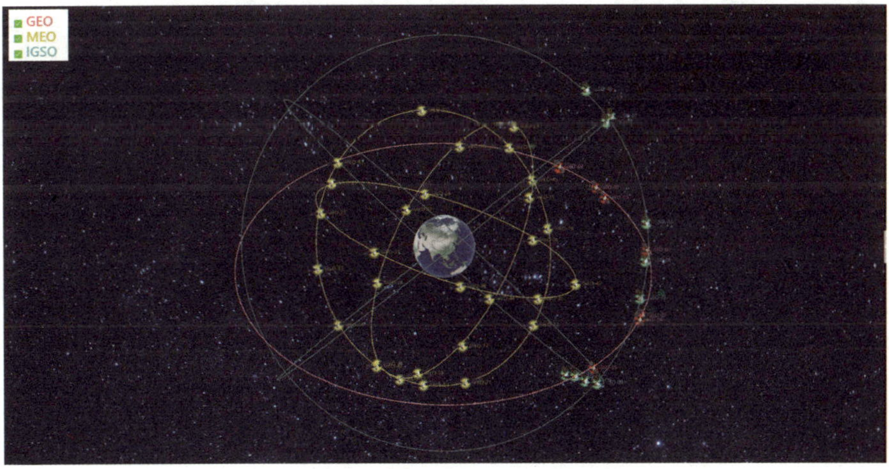

太空视角看北斗星座的示意图

地球视角看 GEO
卫星示意图

GEO 卫星学名叫地球静止轨道卫星，它像个安静的小天使，时刻守护着我们的地球。GEO 卫星在离地球约 36000 千米的太空绕着地球飞行，飞行的角速度和地球自转的角速度相同。在地球人看来，GEO 卫星一直“静止不动”地悬挂在一个地方。使用 GEO 卫星的好处是它和地球相对静止，如果把这样的卫星悬挂在我们中国上空，它就可以时刻“照耀”着我们。北斗一号系统的 3 颗卫星都是 GEO 卫星，就是利用了 GEO 时刻“照耀”地球的特性，花小钱办大事，解决我国用户的使用需求。

IGSO 卫星学名叫倾斜地球同步轨道卫星，和 GEO 卫星类似，也是悬挂在太空离地球约 36000 千米的地方，不过它没有 GEO“小天使”那么安静，像个爱溜达的老爷爷。站在地球角度看，它也是和地球同步旋转的，在地球人看来，它差不多是“静止”的，不过它不太安静，在原地“来回晃悠”，像在太空来回踱步，足迹画成一个“8”字。不过“晃悠”的幅度并不大，对地球人来说，远远地看过去几乎没什么变化，和静止卫星差不多。看到这里，你也许会好奇，GEO 卫星安安

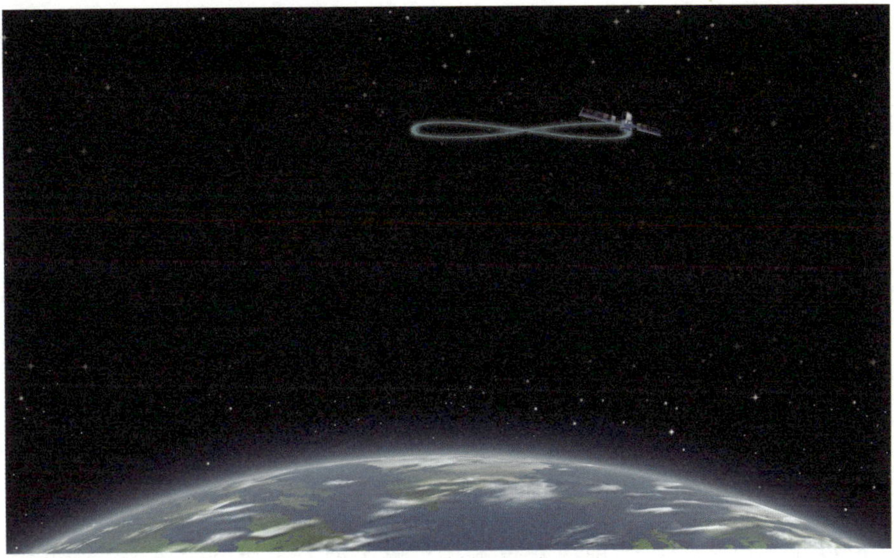

地球视角看 IGSO 卫星示意图

太空视角看 MEO 卫星示意图

静静的不挺好吗？为什么还要用“不太安静”的 IGSO 卫星呢？打个比方，几个人拉一艘大船，如果用一根绳子，几个人站成一排拉，这样拉起来会很费劲。如果在这根绳子的末端分成几根小绳，几个人略微散开些，同时向前拉，这样拉起来就轻松多了。虽然原理不尽相同，但有类似之处。GEO 轨道只有一条，所有 GEO 卫星只能在这一条轨道上“排排坐”。如果都用 GEO 卫星，定位效果不好。IGSO 卫星来回晃悠，这样的卫星组合既解决了时刻“照耀”的问题，又提升了卫星定位的效果。

MEO 卫星学名叫中圆地球轨道卫星。MEO 卫星在太空离地球约 20000 千米的地方，在地球人看来，它像个活力十足的小伙子，不知疲倦地绕着地球“跑圈”。跑的路线和太阳有点像，从地平线升起，飞过地球上方，然后在地平线下落，每天环绕地球“跑”两圈。但它可不一定是东升西落，每颗卫星都有固定的升降路线，这是由星座设计决定的。“照耀”全世界、服务全人类的任务就是由 MEO 卫星承担的。

北斗卫星系统运行情况

作为我国自主可控的卫星导航系统，北斗系统受到人们广泛关注。我国每发射一颗北斗卫星，人们都禁不住欢呼，默数着北斗卫星的数目，从 30 颗到 45 颗，再到 55 颗……随着对卫星导航系统的了解不断深入，人们发现一个有趣的问题：GPS 系统只有 24 颗卫星，感觉挺好用的，为什么北斗要发射那么多卫星呢？北斗卫星数目还在不断增加，到底多少颗卫星才够用呢？

要解答北斗系统到底有多少颗卫星这个问题，首先要区分两个概念，一是发射到太空的卫星数量，二是北斗星座设计的卫星数量。原则上，只要星座的座位上“坐满”了卫星，就具备了系统设计的服务能力。但实际运行情况下，每个系统实际运行的卫星数量都比星座设计的卫星数量多，多余的卫星有的是备份星，有的是测试星。备份星的作用是，万一哪颗工作卫星出故障了，就把备份卫星推到工作卫星的位置上，代替它继续服务；测试星的目的是为新技术提供验证平台，这也是技术迭代进步发展的需要。

根据中国卫星导航系统管理办公室测试评估研究中心网站 2024 年 4 月 23 日公布的卫星信息（见下表），北斗系统在轨卫星数量是 52 颗，其中北斗一号系统卫星已经全部退役（不再提供服务），北斗二号在轨卫星数为 15 颗（星座设计 14 颗），北斗三号系统卫星数为 37 颗（星座设计 30 颗）。从这个数据可以看出，北斗系统实际运行的卫星系统包含北斗二号系统卫星和北斗三号系统卫星，并且每个系统的卫星数量都超过了设计的星座卫星数。

北斗系统运行的卫星数是实时变化的。随着北斗系统持续运行，会不断有北斗卫星退役，也会不断有新的卫星补充进来，卫星不断退役和增补，所以实际运行服务的卫星号是不连续的。只要不低于卫星星座设计的 30 颗卫星，北斗就可以提供全球卫星导航服务。

北斗系统在线服务的卫星数量

卫星号		系统阶段	发射日期
C01	GEO-8	BDS-2	2019.05.17
C02	GEO-6	BDS-2	2012.10.25
C03	GEO-7	BDS-2	2016.06.12

续表

卫星号		系统阶段	发射日期
C04	GEO-4	BDS-2	2010.11.01
C05	GEO-5	BDS-2	2012.02.25
C06	IGSO-1	BDS-2	2010.08.01
C07	IGSO-2	BDS-2	2010.12.18
C08	IGSO-3	BDS-2	2011.04.10
C09	IGSO-4	BDS-2	2011.07.27
C10	IGSO-5	BDS-2	2011.12.02
C11	MEO-3	BDS-2	2012.04.30
C12	MEO-4	BDS-2	2012.04.30
C13	IGSO-6	BDS-2	2016.03.30
C14	MEO-6	BDS-2	2012.09.19
C16	IGSO-7	BDS-2	2018.07.10
C19	MEO-1	BDS-3	2017.11.05
C20	MEO-2	BDS-3	2017.11.05
C21	MEO-3	BDS-3	2018.02.12
C22	MEO-4	BDS-3	2018.02.12
C23	MEO-5	BDS-3	2018.07.29
C24	MEO-6	BDS-3	2018.07.29
C25	MEO-11	BDS-3	2018.08.25
C26	MEO-12	BDS-3	2018.08.25
C27	MEO-7	BDS-3	2018.01.12
C28	MEO-8	BDS-3	2018.01.12
C29	MEO-9	BDS-3	2018.03.30
C30	MEO-10	BDS-3	2018.03.30
C31	IGSO-1S	BDS-3S	2015.03.30
C32	MEO-13	BDS-3	2018.09.19
C33	MEO-14	BDS-3	2018.09.19

续表

卫星号		系统阶段	发射日期
C34	MEO-15	BDS-3	2018.10.15
C35	MEO-16	BDS-3	2018.10.15
C36	MEO-17	BDS-3	2018.10.19
C37	MEO-18	BDS-3	2018.10.19
C38	IGSO-1	BDS-3	2019.04.20
C39	IGSO-2	BDS-3	2018.06.25
C40	IGSO-3	BDS-3	2019.11.05
C41	MEO-19	BDS-3	2019.12.16
C42	MEO-20	BDS-3	2019.12.16
C43	MEO-21	BDS-3	2019.11.23
C44	MEO-22	BDS-3	2019.11.23
C45	MEO-23	BDS-3	2019.09.23
C46	MEO-24	BDS-3	2019.09.23
C56	IGSO-2S	BDS-3S	2015.09.30
C57	MEO-1S	BDS-3S	2015.07.25
C58	MEO-2S	BDS-3S	2015.07.25
C59	GEO-1	BDS-3	2018.11.01
C60	GEO-2	BDS-3	2020.03.09
C61	GEO-3	BDS-3S	2020.06.23
C62	GEO-4	BDS-3S	2023.05.17
C48	MEO-26	BDS-3S	2023.12.26
C50	MEO-28	BDS-3S	2023.12.26

问问科学家

问：北斗三号系统已经开通运行，为什么还保留了北斗二号系统卫星？

答：北斗三号系统和北斗二号系统并行服务，这一点有点像公网通信服务，虽然已经到了5G时代，仍然为2G用户保持了一段时间的2G基站。为了保持对北斗二号系统用户的持续性服务，北斗系统保留了北斗二号服务能力，并确保北斗二号星座完整可用。

北斗卫星

北斗卫星主要由卫星主体和有效载荷构成。我们不妨把卫星主体想象成一个舞台，有效载荷想象成一名舞者，人们想看的不是舞台，而是站在舞台上的舞者，对观众来说，舞者才是有效的部分。舞者的工作是跳舞，有效载荷的工作是发射北斗导航信号。

卫星主体虽然不像有效载荷对导航服务那么重要，但离开卫星平台，有效载荷将无处安身。卫星主体有3个主要作用：一是保持卫星飞行的队形，让卫星按照设计的轨道飞行；二是为有效载荷提供必要的能量，比如卫星上最常见的“翅膀”（太阳板电池）就是为有效载荷提供能量的；三是能够调整姿态，时刻把有效载荷对准地球，必要时还能够在“寿终正寝”之前根据指令给后来的卫星“让位”。

有效载荷的主要作用是接收地面运行控制系统发射的指令，生成对地球发射的定位信号。

北斗卫星们还能“抱团取暖”，在地面运行控制系统不能使用的情况下，通过卫星间的相互联络（星间链路）实现一段时期的自主运行，确保对用户的服务不间断。卫星系统自主运行能力是有限的，提高卫星系统自主运行能力是科学家们追求的技术发展方向之一。

北斗卫星示意图

地面运行控制系统

系统构成和运行原理

北斗地面运行控制系统由监测站、主控站和注入站三部分构成，它们都部署在地球上。三类站各司其职，相互配合，共同承担着控制和保障北斗系统稳定运行和精确服务的重要职责，地面运行控制系统在北斗大系统中扮演着至关重要的角色。

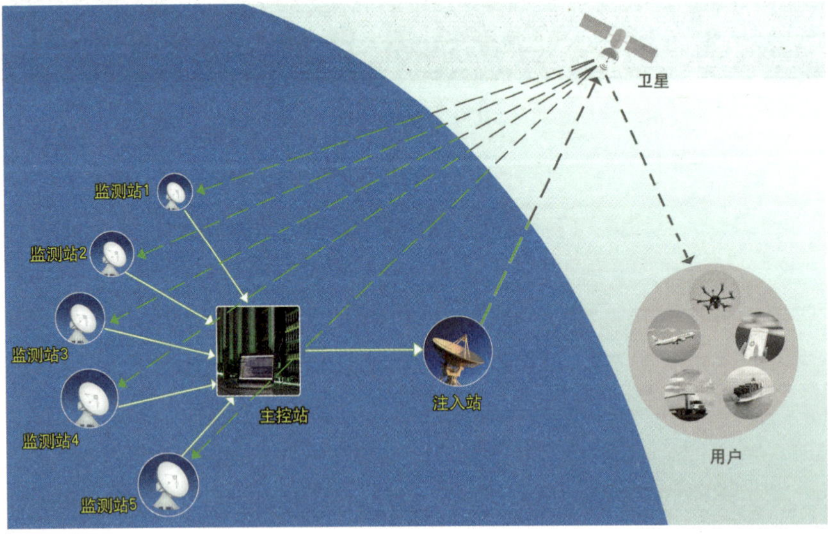

地面运行控制系统示意图

监测站

监测站示意图

监测站的主要任务是配合主控站给北斗卫星定位，把北斗卫星的位置变成已知数。监测站主要由发射天线、计算处理单元和电源系统等构成，监测站要尽可能看见更多卫星，所以需要部署在没有遮挡的地方。根据北斗定位原理（见第四章“北斗是怎样工作的”），相当于把天和地倒过来，地面观测站对能看见的卫星进行跟踪观测，并把观测数据传送给主控站，主控站汇集地面监测站对卫星的观测数据，实现对所有卫星的连续观测。主控站根据卫星观测数据解算出与定位服务有关的导航信息、卫星星历、卫星原子钟校正参量、大气校正参量及其他数据（相当于给卫星定位），然后把这些数据发送给注入站。为实现对所有卫星的不间断观测，需要多个监测站联合工作，地域部署上要尽量分布广泛。监测站分布越广泛，卫星定位越精确，提供的导航定位精度就越高。

主控站

主控站的主要作用是在监测站的配合下给卫星定位，并把定位结果传送给注入站。除了给卫星定位外，主控站还肩负着卫星轨道控制和卫星状态监测的职责，包括卫星姿态控制、位置控制、故障诊断等，

主控站示意图

注入站示意图

通过地面运行监测和远程控制，确保卫星系统稳定运行。同时还肩负着整个北斗系统的运行状态监测任务。主控站一般由计算机系统、卫星测控系统、运行监控显示系统等构成，所以主控站建有较大规模的机房、天线场地、监控屏幕、生活保障设施等。

注入站

注入站的作用是给卫星注入定位信号，主要由发射天线、计算处理单元和电源系统等构成。注入站需要向卫星发射定位信号，所以也需要部署在没有遮挡的地方。

北斗应用系统

北斗应用系统是北斗系统的功能体现，由各种形态的北斗终端构成。

北斗终端的形态

北斗终端基本功能单元包括天线、芯片、辅助电路、电池（可外接）、显示器（根据需要配置）等，如下图所示。

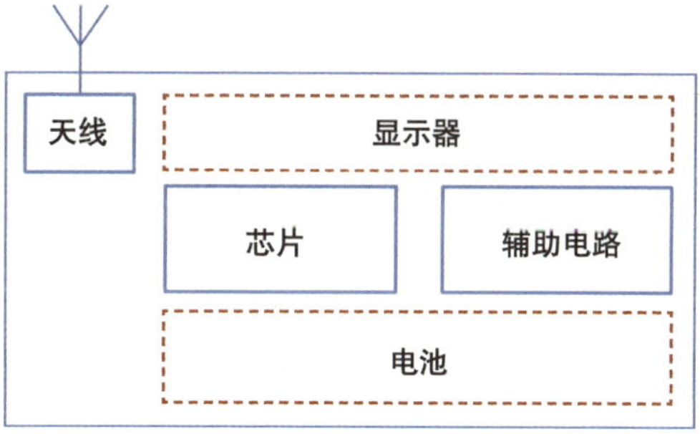

北斗终端基本功能图

天线

应用系统的天线类似蚂蚁的触角，它的任务是实现用户设备与卫星之间无线连接。

北斗终端天线的形态很多，作用不同，大小形状也不同。基本导航天线很小，比如手机、手表等穿戴设备中的天线，就是一个小片。有的天线为了提高定位精度，会在天线里增加扼流圈，外观上比较大。军队或者特殊用户会采用阵列天线，以提高北斗的抗干扰能力，就像九头鸟，一个方向被干扰了，其他方向还能发挥作用，这样的天线通常设计成圆盘形状。有的用户对外形要求很高，比如飞机和导弹，它们的北斗天线会和设备外形一体化设计，称为共形天线。随着电子集成电路技术发展，北斗定位部分甚至被集成到天线里，表面看，北斗终端就是一个天线。

天线种类还有很多，这里就不一一介绍了。

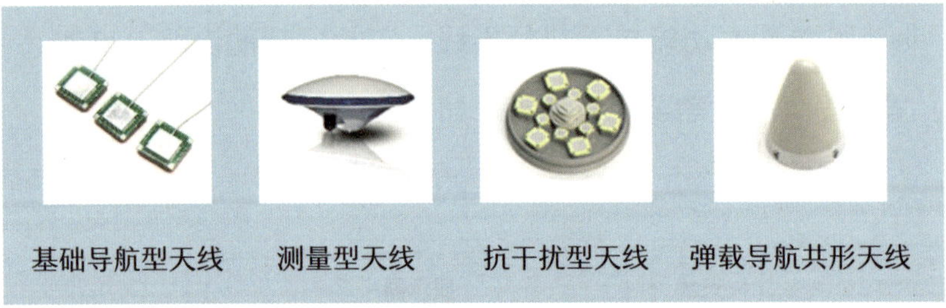

北斗终端天线部分类型

北斗芯片

类似人类的大脑，芯片是实现北斗功能的关键部件。从功能上来分，芯片可分为射频芯片和基带芯片。随着集成电路技术发展，如今芯片已经做成了射频和基带一体化，体积变得更小，用电功耗也更少，所以才能被塞进手机、手表和纽扣里。芯片的大小与要实现的功能和性能有关，像做衣服，做成背心和做成衬衫、羽绒服，功能作用不同，用材的量不一样，外形大小也不同。一般情况下，北斗导航型芯片跟绿豆、黄豆截面差不多大，最小的北斗芯片甚至可以做到小米粒截面那么小。

北斗终端芯片示意图

北斗芯片还可以与其他功能型芯片集成封装成一颗芯片，称为系统级封装芯片（System in Package，SiP）。比如将北斗定位芯片与 4G 通信芯片封装成一颗芯片，外形看是一颗芯片，但实际上同时具备了定位和通信两颗芯片的功能。

北斗芯片与微处理器、其他功能芯片等进一步集成，形成集成度更高的北斗功能型芯片，称为片上系统（System on Chip，SoC）。片上系统外形看就是一款芯片，不过这颗芯片功能强大，像个小信息系统。

北斗模组

北斗模组分为基础模组和集成型模组。基础模组是在北斗芯片基础上适当增加接口、电源等辅助电子元器件，功能更加强大。集成型模组是将北斗芯片与其他功能芯片组合形成特定功能型模组。比如，北斗与 4G、Wi-Fi 等通信芯片组合成物联网模组，北斗与惯性导航芯片组合成惯卫导航模组，北斗短报文芯片与 4G 通信芯片组合成融合通信模组等。

北斗模组是北斗最基础的应用型产品形态，即便不懂北斗底层技术，也能用北斗模组做出北斗应用型产品开发。

北斗板卡

北斗板卡类似手机和电脑的主板板卡，是在北斗模组基础上进一步扩展功能而成，是北斗产品的核心构成，在北斗板卡基础上可以扩展成各种应用型产品。

北斗终端板卡示意图

北斗基本型终端

北斗基本型终端的主要用途是北斗功能应用，包括导航定位型、短报文通信型、卫星授时型、大地测量型等，从名字上就基本能看出它的用途。

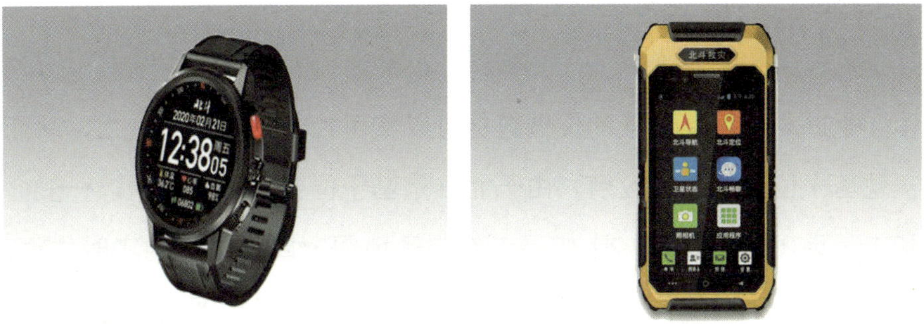

授时和短报文通信基本型终端

北斗专用型终端

北斗专用型产品以北斗为基础，与其他技术融合，可以实现很多与导航定位有关的功能。以交通行业大客车、大货车使用的北斗终端为例，北斗的主要作用是提醒司机不要超速，司机打瞌睡时及时呼叫司机并把司机状态发给司机所在的单位。

设备主机安装在车辆控制台里，摄像头、雷达传感器安装在车内顶部和车外边，车内摄像头在司机打瞌睡时喊话提醒，车外摄像头和雷达传感器在车辆短时间内频繁并线或者过于靠近前边车辆和路侧时，及时提醒司机小心驾驶，并把危险驾驶状态回传给司机所在的企业和管理部门。北斗在这个终端中的主要作用是给车辆定位并测量车辆行驶速度。

北斗车载定位终端

北斗应用型平台

通过北斗终端采集的位置数据可以实时传送到系统平台上，从而实现基于位置的各种应用。由于北斗是基于位置的服务，所以一般会和电子地图搭配使用。比如可以在电子地图上展示用户的实时位置，可以对用户走过的位置轨迹进行回放，可以在电子地图上画一个电子围栏，当用户走入或走出电子围栏时进行提醒等。手机上的百度地图或高德地图导航软件就是典型的北斗应用型软件。

问问科学家

问：北斗芯片、模组、板卡、终端是什么关系，为什么有那么多形态？

答：如果把北斗芯片、模组、板卡、终端想象成太空世界，那么，芯片是地球系，模组是太阳系，板卡是银河系，终端是太空。

4

北斗是怎样工作的

说起北斗，人们总是把它和尖端科技联系在一起，感觉深不可测。北斗卫星在遥远的太空，却能精准地知道你的实时位置和时间，的确给人一种非常神秘的感觉。

读完这章你会发现，北斗涉及的基础理论知识大多来源于中学课本。

北斗原来如此“简单”！

北斗信号是怎么传播的

北斗卫星导航信号就围绕在你身边，你感受到了吗？哈哈，你当然感受不到，因为它是无线电波，就像我们身边的空气，看不见、摸不着，但它们实实在在存在着。为了了解北斗信号，我们先来了解一下无线电波。

“明明，你在广东还适应吗？是不是很热呀？咱们大东北可凉快了。”

“妈，我这边很好，您就放心吧，我正在海边玩沙子呢。”

小明在南方海边，通过手机与远在千里之外的妈妈视频聊天，这种情景在20世纪末是不可想象的。那个时候，人们使用座机打电话，可不是走到哪里都能打电话的。能有今天这样的便利，要归功于无线电技术的发展。

我们周围有很多无线电波，有手机无线电波、卫星导航无线电波、卫星通信无线电波、卫星遥感无线电波，甚至还有计算机、电视机等电子设备散播出来的微弱的无线电波。这些无线电波密密麻麻，来回穿梭，我们身处其中，所以才能随时打电话、随时用它导航。

北斗卫星信号由三部分构成，包括载波信号、定位信号和导航电文。载波信号是用于承载定位信号和导航电文的一种无线电波；定位信号也叫测距码，是用来测量卫星到地面距离的一种无线电波；导航电文是一些与导航定位有关的数据。这些概念听起来非常抽象，为方便理解北斗导航信号是如何传播的，一开始我用抖动绳子做了个类比：想象一下，你拿起一根绳子，用手使劲向前抖一下绳子，绳子会像波浪一样往前传动。你不断抖动绳子，它就不断向前传动。如果给绳子套上一个圆环，这个圆环就可以在绳子上自由滑动。先把圆环移到靠近手的那一端，开始抖动绳子，随着绳子抖动，圆环就从绳子一端移到另一端。卫星导航信号的传播过程和绳子传送圆环过程类似，绳子对应着传送定位信号的载体，无线电理论中把传送定位信号的载体叫载波信号；圆环对应着定位信号；圆环颜色、花纹、尺寸、来自哪只手等对应着导航电文。北斗系统的“绳子”是肉眼看不见的，但无线电设备能“看见”它。

手相当于卫星，抖动绳子相当于给载波信号一个能量，手抖动绳子并传递圆环的过程相当于卫星发射导航信号。反过来，接收的人（北斗应用终端）先把绳子抓住，然后把圆环从绳子上撸下来，再记录下圆环的颜色、花纹、尺寸等信息，这就是北斗终端接收导航信号的过程。

载波信号属于电磁波，只要给它一个能量，不需要传播媒介，它就能够通过自身的电场和磁场交替转换进行传播（这一点在初中物理课本中可以学习到）。不过电磁波可不是永动机，在传播过程中会产生损耗，所以北斗导航信号在奔赴地球的过程中会跑累。信号发射功率越大，它就跑得越远。

写完这本书初稿，我对自己的这个比喻感到非常满意，然后拿着书稿去征求我的北航恩师谈展中教授意见，本以为谈教授会夸我比喻

无线电传播示意图

很生动，没想到恩师给我的意见是比喻不够恰当，建议去掉。在恩师的提醒下，我发现这个比喻的确不够严谨，比如载波信号和定位信号的关系，它们是同步从卫星传播到地面的，不是圆环被送走了，绳子还握在手上，定位信号是连续的，不是像圆环那样颗粒状存在的。修正了思路后，我和恩师说，要不然比喻成飞机场的行李传送带，或者装载货物的大卡车……但似乎都无法完美表述北斗卫星信号的传播。

谈教授说，你想通过拟人化、拟物化介绍深奥的科学知识，初衷是好的，但太具象化的比喻对科学知识不一定合适，甚至会误导大家对科学知识的理解。科学本来就是抽象出来的，科普最关键的是基本概念要透，要准，不要为了科普而拉低了科学，适当抽象的描述也是在培养读者的抽象思维，你要通过科普带动读者知其然，更要知其所以然……那一刻，我仿佛回到了研究生课堂，聆听着 87 岁恩师的谆谆教诲。

根据恩师意见修订稿子时，我本来想删掉比喻描述，换成更加严谨的专业表述，但是后来我还是决定把这段比喻保留了下来，我想以它为例，引导读者思考，究竟用什么样的比喻才能既形象又真实地表达出北斗卫星导航信号的传播特性呢？有兴趣的朋友可以查阅专业书籍进行深入研究探讨。

北斗是怎么定位的

北斗系统具有定位功能。全球范围水平定位精度优于 9 米，垂直定位精度优于 10 米。（来自《新时代的中国北斗》，2022 年 11 月）

北斗定位的代数原理

北斗定位代数原理可以总结成一句话：根据两点间距离公式构建方程，通过 3 个方程构建的方程组求解出 3 个未知数。

北斗系统有 30 颗卫星，相当于有 30 只手，每只手握着一根绳子，卫星通过绳子把圆环传送到地面，用户只要集齐 3 个圆环就可以确定自己的位置。为什么集齐 3 个圆环就能定位呢？这就是北斗定位的代数原理。

每个物体在立体空间中都有一个属于自己的位置，这个立体空间可以用地心空间直角坐标系和地心大地坐标系表述，下面通过地心空间直角坐标系来表述北斗定位的数学原理。地心空间直角坐标系用相互垂直的 x，y，z 三个轴来表示，三个轴相交于原点 o。原点 o 设在地球的质量中心，z 轴与地球旋转轴重合，向北为正；x 轴指向格林尼治子午面，向东为正；y 轴与 x，z 平面垂直构成右手系。在空间直角坐标系中，任何一点的位置都可以用三维坐标 x，y，z 来表示，比如 p 点的

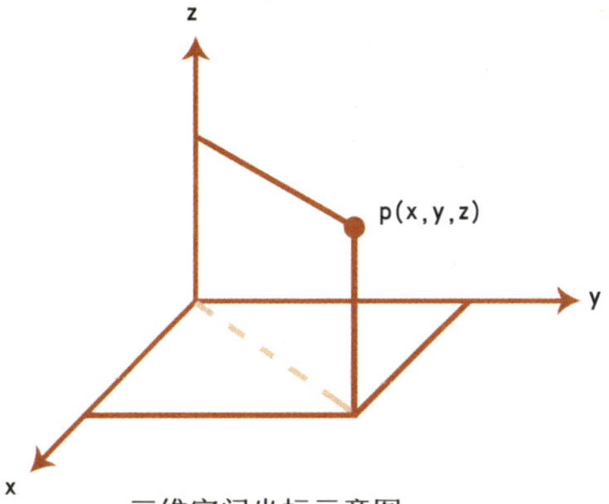

三维空间坐标示意图

空间位置可以用 p（x，y，z）表示，只要把 x、y、z 找出来，就解决了 p 点的定位问题。

为了解释北斗定位的代数原理，这里要用到“方程组”和“两点间距离公式”两个数学知识。如果你是一名小学高年级学生，你会学到一元一次方程这个知识点，一元一次方程可以解算出 1 个未知数，比如 x+2=10，通过解方程可以得出 x=8。高中时，你会学到用 3 个方程构建的方程组解算出 3 个未知数。

假设 3 颗卫星 s_1、s_2、s_3 的位置分别为 s_1（x_1，y_1，z_1）、s_2（x_2，y_2，z_2）、s_3（x_3，y_3，z_3），p 点到卫星 s_1、s_2、s_3 的距离分别为 ρ_1、ρ_2、ρ_3。根据两点间距离公式：

$$\begin{cases} \rho_1=\sqrt{(x_1-x)^2+(y_1-y)^2+(z_1-z)^2} \\ \rho_2=\sqrt{(x_2-x)^2+(y_2-y)^2+(z_2-z)^2} \\ \rho_3=\sqrt{(x_3-x)^2+(y_3-y)^2+(z_3-z)^2} \end{cases}$$

如果卫星位置（x_1，y_1，z_1）、（x_2，y_2，z_2）、（x_3，y_3，z_3）和卫星到用户之间的距离 ρ_1、ρ_2、ρ_3 都是已知数，那么就可以解算出 p 点位置坐标 x、y、z。

卫星位置是怎么变成已知数的呢？卫星位置数据是卫星自己传送出来的，这个位置信息是地面运行控制系统通过注入站发送给它们的。

卫星到p点之间的距离是怎么变成已知数的呢？这是通过测量导航信号从卫星到地面的传播时间得到的，导航信号的传播速度与光的传播速度（3×10^8 米 / 秒）相同，只要测出信号传播时间，传播时间乘以传播速度就能够算出传播距离（卫星到地面的距离）。下面看看信号传播时间是怎么测出来的。

打个比方：你来我这里，我们要测出你一共走了多长时间。我是怎么测出的呢？出发时你带上一个小本子，本子上写着你出发时间是5:00。你到我这里时我接过本子，看到你出发时间是5:00，再看看我手表时间是7:00，我就能计算出你一共走了2小时。

你的手表和我的手表时间要对准，如果没对准也会产生误差（专业术语叫钟差）。比如，你手表是5:00的时候，我手表比你快20分钟，是5:20。你到我这里时，我手表的时间因为快了20分钟，变成了7:20，所以扣除这20分钟，才是你真实走的时间。总之，有很多原因会导致测量时间产生误差。

你带的小本子相当于导航电文，导航电文装载着信号发射时间和卫星钟差等信息，用户通过接收导航电文获取这些信息，从而实现获得定位信号传播的大体时间。对于特别精准的传播时间部分，还要通过伪距测量、载波相位测量等技术实现，有兴趣的读者可以查阅专业书籍了解。

但实际工作中，卫星传播过程还会产生很多误差。比如，你走的过程中遇到一堵墙，翻墙用了5分钟，那么你实际到达的时间是7:05，我在计算你走了多长时间的时候要把这5分钟时间扣除，才能算出你真实行走的时间。好在所有卫星都存在一样的问题，产生的误差差不多，专业术语将差不多一样的误差称为公共误差，时间误差乘以信号传播速度，形成距离误差，用$\Delta\rho$表示，产生了一个新的未知数。加上用户位置坐标的 3 个未知数，一共需要解 4 个未知数（x，y，z，$\Delta\rho$），因此需要 4 颗卫星构建 4 个方程。同时，卫星定位需要所有卫星上的时钟没有时间差（误差允许范围内），专业术语叫星间同步。

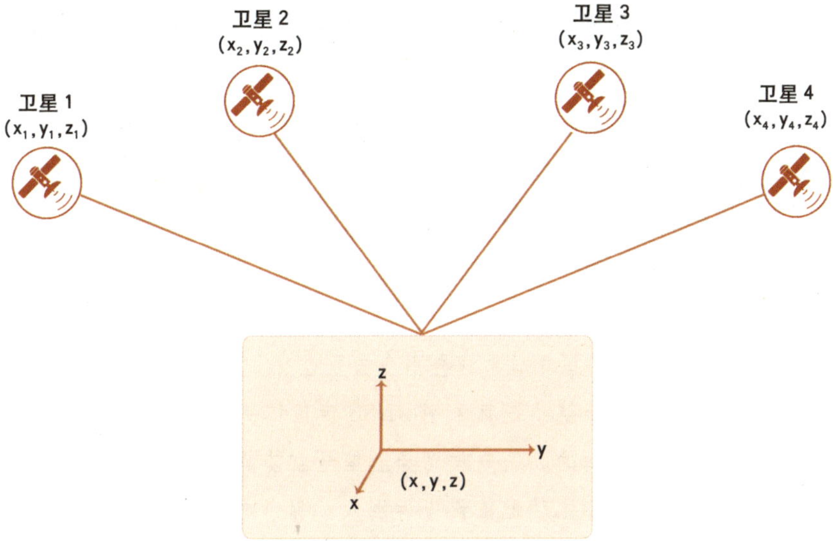

四颗卫星定位示意图

4 颗卫星构建方程组如下所示，通过解方程组求出 4 个未知数（x，y，z，$\Delta\rho$），从而获得 p 点三维位置坐标（x，y，z）。

$$\begin{cases} \rho_1-\Delta\rho=\sqrt{(x_1-x)^2+(y_1-y)^2+(z_1-z)^2} \\ \rho_2-\Delta\rho=\sqrt{(x_2-x)^2+(y_2-y)^2+(z_2-z)^2} \\ \rho_3-\Delta\rho=\sqrt{(x_3-x)^2+(y_3-y)^2+(z_3-z)^2} \\ \rho_4-\Delta\rho=\sqrt{(x_4-x)^2+(y_4-y)^2+(z_4-z)^2} \end{cases}$$

问问科学家

问： 北斗一号系统的2颗卫星怎么定位？

答： 下面我从代数原理做个解释。3个方程解3个未知数，如果把其中1个未知数变成已知数，那么只需要2个方程，也就是说有2颗卫星就够了。用户的三维位置坐标x、y、z中，z表示用户离地球中心的高度，专业术语叫高程。在没有卫星导航之前，科学家们已经通过大地测绘技术测量出地球表面的高程，形成了地球表面高程数据库，z成为已知数。地球表面高程数据特别多，数据量过于庞大，用户终端装不下这么多数据，只好通过地面运行控制系统来实现，所以北斗一号系统的定位解算工作是由地面运行控制系统实现的，地面运行控制系统把位置算出来后通过卫星发给用户。

问： 使用国外卫星导航系统会不会被监控？

答： 国际卫星导航系统都采用RNSS定位体制。卫星导航信号类似广播，是单向传输的，用户收到导航信号就能算出位置，位置是自己算出来的，只要不主动把位置告诉别人，哪个国家的卫星导航系统都不能监控到你。我们经常听到被卫星导航监控了，这又是怎么回事呢？为避免司机超速、疲劳等危险驾驶，交通营运车辆的管理部门要求把车辆位置报送给运输企业管理平台；为规范车辆停放位置，共享单车会主动将位置信息报给单车管理平台；下载手机电子地图服务软件时会提示你是否同意位置共享，如果同意，意味着你的实时位置被软件服务商获取。这些例子说明，凡是被监控，都是因为把位置信息给了别人。

北斗定位的几何原理

北斗定位的几何原理可以总结成一个词：三球交汇。

假设 P 是地球上一个用户的位置，是需要求出的位置点。为了找到这个点，让我们从外太空视野构建 3 个立体空心球。这些空心球都和 P 点有关，空心球的公共交点就是 P 的位置。

构建第 1 个空心球：以卫星 1 为球心，卫星 1 到 P 的距离是半径。卫星 1 的位置已知，半径大小已知，P 的位置未知，空心球面的任何一点都可能是 P。

构建第 2 个空心球：以卫星 2 为球心，卫星 2 到 P 的距离是半径。卫星 2 的位置已知，半径大小已知，P 的位置未知，空心球面的任何一点都可能是 P。

构建第 3 个空心球：以卫星 3 为球心，卫星 3 到 P 的距离是半径。卫星 3 的位置已知，半径大小已知，P 的位置未知，空心球面的任何一点都可能是 P。

第 1 个和第 2 个空心球的球面交集是一个圆，如下图中红色标识。两个空心球都和 P 有关，因此红色圆上的点位都可能是 P。

前两个空心球相交形成的圆（红色）与第 3 个空心球的表面相交，

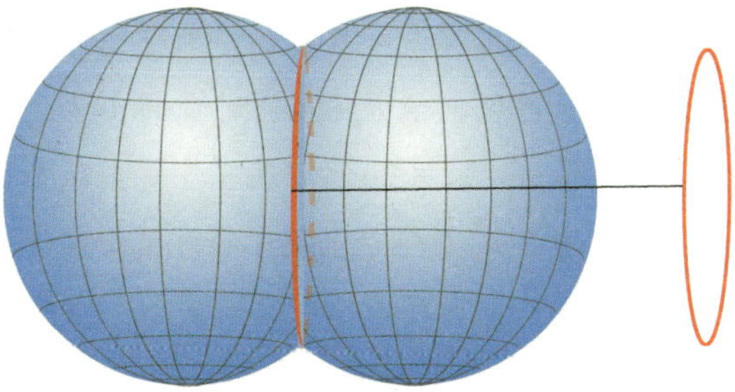

两球交汇示意图

交集是对称的两个点 P_1、P_2，如下图所示。P_1、P_2 中只有一个点是 P 的位置。如果卫星离地面很远，其中一个对称点会落在外太空，剩下的那个点就是用户的位置点。如果卫星离地面较近，完全对称的两个点可能都落在地球上，需要根据用户大体位置做判断，处理起来要复杂得多。三球交汇原理是在不考虑用户时钟误差情况下的理论解释，实际工作中，用户时钟是有误差的，定位解算中使用的是双曲线定位原理，对卫星定位原理有兴趣的朋友可以找专业书籍进行研究探讨。

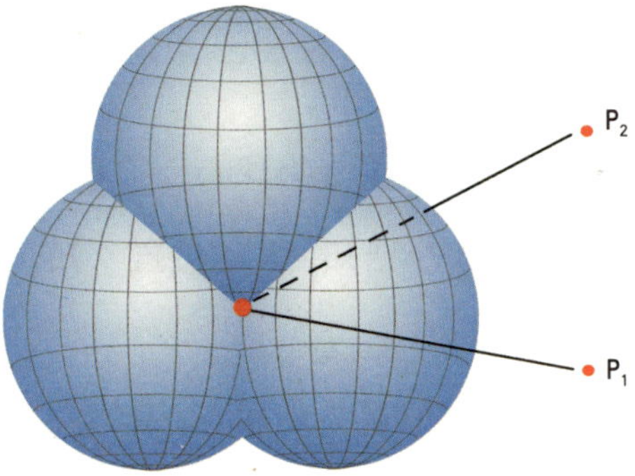

三球交汇示意图

问问科学家

问： 4 颗卫星就能定位，为什么北斗星座采用 30 颗卫星？

答： 卫星信号类似手电光，是直射的。地球是圆的，如果只有 4 颗卫星，无法做到全世界任何地方都能同时看到 4 颗卫星，至少十几颗卫星才能实现全球覆盖。采用 24 颗卫星星座是全球卫星导航系统的惯用设计。北斗系统采用 30 颗卫星星座是经过精心设计的，既可以满足全球导航服务的需要，同时还能够在我国国土上空增加几颗地球同步卫星，为我国用户提供更高等级的服务。

北斗是怎么测速的

北斗系统具备测量物体运动速度的功能。测速精度优于 0.2 米 / 秒。（来自《新时代的中国北斗》，2022 年 11 月）

生活中的速度和频率

北斗系统能够测量物体运动速度是因为物体与卫星之间相对运动产生了多普勒效应，多普勒频移（因为相对运动导致的接收信号频率与发射信号频率之间的差）与相对运动速度之间的关系为 $f_d = f_t\frac{v}{c}$，其中 f_d 是多普勒频移，f_t 是发射信号频率，v 是发射信号的物体与接收信号的物体之间的相对运动速度，c 是无线电波在真空中的传播速度。从公式中可以看出，物体之间的相对运动速度 v 越大，产生的多普勒频移越大。北斗系统能够用于测量物体运动速度，是因为卫星和用户之间有相对运动，导致卫星信号到达地面时产生了频率变化。

北斗测速是怎么实现的

卫星和用户的相对运动产生卫星信号频率变化，北斗终端有个特殊本领，可以把这个频率变化测出来，通过频率变化可以得到用户与卫星的相对运动速度。还有一种比测量频率变化更加精准的测速技术，叫载波相位测量法。频率测量法精度不够高，但快速运动对它的影响小；载波相位测量法测量精度高，但对快速运动适应性差，所以实际工作中经常将两种技术融合起来，实现快速、精准测速。测速算法与定位类似，也是通过解方程组实现，有兴趣的读者可以查阅相关书籍深入了解。

问问科学家

问：什么是多普勒效应？

答：多普勒是奥地利物理学家及数学家，发明了物体相对运动与频率变化的关系。人们为了纪念他，用他的名字定义了多普勒效应和多普勒定律。多普勒效应是物理学现象，当波源和观察者之间存在相对运动时，观察者接收到的波的频率与波源发出的频率会有所不同。如果波源向观察者移动，观察者接收到的频率会变大；反之，如果波源远离观察者，接收到的频率会变小。

北斗是怎么授时的

北斗系统具有授时功能。授时服务精度优于20纳秒。（来自《新时代的中国北斗》，2022年11月）

生活中的授时和时间同步

晨钟暮鼓是古人管理时间的一种方式。早晨敲钟表示一天的开始，晚上击鼓表示夜晚的到来。这种方式虽然不那么精准，但也解释了授时的基本概念。授时，就是给你时间的意思。人们在日常生活中，几乎每时每刻都会用到授时。抬头看看钟表，那是钟表给你授时；低头看看手机几点了，那是手机给你授时。

大家都在一个时间系统，叫时间同步。生活中时间同步的例子也很多，比如，你的手表因为很长时间没有对时，慢了1小时，学校教室的钟表是正常的。学校要求早上8:00到校，你按照自己手表时间准时到校，结果老师说你迟到了，因为此时教室钟表显示的时间是9:00。你向老师解释说："我手表授时不准。"老师会说："教室钟表是准的，你应该把手表和教室钟表进行时间同步。"

当然，现实生活中，人们不会文绉绉地用"授时"和"时间同步"这样的词语来表达，我只是通过这个例子说明，授时和时间同步在人们的生产生活中随处可见。

北斗时间和世界时间的关系

全世界人民都在使用相同的时间，这个时间叫“世界时间”，时间基准点设在英国伦敦的格林尼治天文台，以格林尼治天文台为世界时区的起点。世界时间有两种计量方法：一种是以地球自转为基础的时间计量系统（即世界时）；另一种是以原子时秒长为基础，在时刻上尽量接近世界时的一种时间计量系统。

为了获得精准的时间基准，全世界各时间实验室将本地产生的时间数据上报给国际计量局，形成世界协调时（UTC）。世界协调时并不是真实存在的，而是计算出来的一个时间基准。你想知道准确时间，看一个钟表觉得不踏实，看 10 个钟表，取个中间数，你就踏实多了，世界协调时就是这个原理。

北斗时间不依赖于世界时间，由北斗系统独立产生、保持和播发。北斗系统在导航电文中播发北斗时间与世界协调时之间的时间差。用户可以直接使用北斗时间，也可以利用北斗时间与世界协调时之间的时间差获得世界协调时。

北斗系统自 2006 年 1 月 1 日 0 时 0 分 0 秒开始提供北斗时间服务。开始提供时间服务的时候，将北斗时间和世界协调时做了一次对时（有专门的时间同步方法），这一刻北斗时间和世界协调时完全同步，时间偏差为 0。北斗时间系统和世界时间系统采用不同的时钟，时钟走时快慢不一样，时间越长偏差越大。第一次对时之后，北斗系统开始测量并记录北斗时间和世界协调时的时间偏差，并通过北斗导航电文把时间偏差播发给用户，用户在使用时把偏差扣除，就可以得到世界协调时。1 秒等于 1000000000 纳秒，20 纳秒是 1 秒的五千万分之一，所以说北斗授时还是非常精准的。

北斗时间和北京时间的关系

我们经常听到“北京时间”，北斗时间和北京时间是什么关系呢？

全世界虽然都在使用统一的世界时间，但人们还是习惯于“日出而作，日落而息”的自然时间管理方式，所以每个地方又有自己的时间系统，称为地方时间。北京时间就是中国的地方时间，是中华人民共和国的国家标准时间。北京时间来源于安放在陕西的一组地面时钟群，由国家授时中心独立产生、保持和播发。地方时间通过时区划分与世界协调时协同，北京处于国际时区的东 8 区，也就是说北京在伦敦的东边 8 个时区。太阳从东边升起，所以北京人会比伦敦人早 8 小时看到日出。我国地域辽阔，不同地区日出日落时间相差也比较大，但我国国内没有地方时间，全国人民统一使用北京时间。

北斗时间和北京时间的相同之处是都可以协同到世界协调时，不同之处是时间产生、保持和播发方式不同，是相对独立的。北斗时间和北京时间大约有 8 小时的时间差。

北斗授时是怎么实现的

为方便理解，举个例子：你打电话问远在千里之外的外婆现在几点了，外婆看看家里的时钟，告诉你 10:00 了。外婆告诉你时间就是给你授时。外婆是通过声波来授时的，时间信息被装载在外婆的语音里，语音信号通过电话传给你，外婆告诉你的时间虽然听起来是 10:00，但你实际听到的时间比外婆告诉你的时间要晚一些，因为声波传播要用时间，哪怕只是瞬间，但是在特别高的时间精准要求下，还是要做时间延迟修正。夸张点来看，假如外婆告诉你时间的声波传播用了 1 分钟，那么你此刻的真实时间是 10:01。北斗授时也一样，北斗系统给你一个时间，但你要测量出信号从卫星传播到地面所用的时间，把这个时间延迟加上，才是你听到的瞬间的真实时间。时间测量精度要求非常高，才能确保授时精度在 20 纳秒以内。上述例子中我们还要注意一点，那就是你和外婆要在同一个时间系统里，比如两个人都使用北京时间。如果其中一个人使用北京时间，另一个人使用伦敦时间，那么结果会怎样呢？卫星导航也一样，要确保卫星和用户都在一个时间系统里，比如北斗系统使用北斗时间，通过一个称为“秒脉冲”的时间信号实现不同分（子）系统之间的时间同步。

?问问科学家

问：北京时间不在北京产生和播发，怎么保证全国人民精准使用？

答：我国授时中心没有设置在北京，而是设置在陕西，但这并不影响全国人民精准使用北京时间，因为用户在使用北京时间时已经对不同地域的信号传播时间差进行了校正。就如同世界协调时，它是时间标准，而不是物理实体，因此即便没有物理中心点，照样可作为全世界人民的统一时间基准。

北斗是怎么通信的

北斗系统是世界上首个具备全球短报文通信服务能力的卫星导航系统，通过 14 颗中圆地球轨道卫星，为特定用户提供全球短报文通信服务，最大单次报文长度 560 比特（40 个汉字）。通过 3 颗地球静止轨道卫星，为中国及周边地区用户提供数据传输服务，最大单次报文长度 14000 比特（1000 个汉字），具备文字、图片、语音等传输能力。（来自《新时代的中国北斗》，2022 年 11 月）

北斗短报文通信过程

北斗短报文通信和手机短信类似，手机短信通过地面通信基站转发，北斗短报文通过天上的北斗卫星转发，北斗短报文通信相当于把地面通信基站搬到天上去了。北斗卫星在太空中，信号覆盖范围广，大海、沙漠、原始森林等无人区不好安装通信基站的地方，北斗卫星毫不费力就能覆盖到。但北斗短报文通信也有缺点，北斗短报文通信卫星数量有限，相当于通信“基站”太少了，不足以支撑大规模用户同时使用，所以北斗短报文通信主要用于应急情况或者特殊用户。

使用北斗短报文通信的注意事项

我国用户主要在中国地区使用。我国在地球的北半球，北斗短报文卫星在赤道上方的太空，使用时，用户需要面向南方，终端设备对准斜上方。以北京为例，向南抬头角度是62°。如果有座高山挡在南面，用户就没法使用北斗短报文通信了，所以北斗短报文通信功能要在南向斜上方开阔的地方使用。

另外，北斗短报文发射信号频率和北斗定位的接收信号频率比较接近，用户使用时，发射信号会对接收产生短暂干扰，影响定位功能。针对这种情况，一方面可以从技术上解决，比如通过卫星导航和惯性导航组合方法对定位功能做抗干扰处理，确保发射短报文信号时定位服务的连续性；另一方面，也可以在使用时加以注意，把发射天线和接收天线分开放置，最好放置距离超过5米，避免相互干扰。

为了快速找到卫星，一般会把短报文终端的天线做成全向天线，也就是每个方向都能和卫星通信，这样的天线外形上比普通北斗天线大。这就是为什么有的北斗终端可以塞进手机里，有的北斗终端像小砖头或者蘑菇头的原因。要想把天线小型化，就必须牺牲一些性能，比如手机里的北斗短报文通信，天线比较小，无法做到全方位“看见”北斗卫星，使用时需要人工找卫星。

北斗增强服务

有人说北斗定位很准，可以达到厘米级，甚至毫米级。有人说北斗定位不太准，车辆都快拐弯了还不能提前提醒。为什么用户会有不同的应用感受呢？一种原因是地图数据不精准导致的，另一种原因是车辆定位不精准导致的。下面重点介绍定位精度对导航的影响。

北斗卫星信号正常定位精度是 10 米左右，和 GPS 等其他卫星导航系统的定位精度是一样的，这是由卫星定位信号特点决定的。之所以会出现比 10 米更高的定位精度，是因为在地面增加了一些辅助定位设施，在这些设施的辅助下，北斗定位精度被提高到厘米级甚至毫米级，这种技术手段专业术语叫卫星导航增强。增强的目的不仅是提高定位精度，还能监测北斗卫星工作状态是否正常，这种技术手段专业术语叫卫星完好性监测。虽然通过增强可以提高定位精度，但是要达到较高定位精度，需要一定的计算处理时间，这种时间消耗专业术语叫收敛时间。定位精度和收敛时间是一对矛盾体，定位精度越高，收敛时间越长。

为了获得更高精度的定位服务，部分用户自主投资建设了一些基准站，这些基准站主要是用户自用。还有一些商家主动投资在全国建设基准站，用来提供高精度定位商业化服务。为了统筹北斗系统地面基准站设施建设，国家正在整合这些资源，以便提供更加安全、优质的高精度定位服务。

北斗地基增强服务（BDGAS）

北斗系统通过全国地基增强站一张网，向行业和大众用户提供实时米级、分米级、厘米级和事后毫米级高精度定位增强服务。(来自《新时代的中国北斗》，2022 年 11 月)

地基增强服务主要是差分定位服务，差分定位的基础是建增强站，增强站也叫基准站。地基的意思是在地面上建基准站，并通过地面通信网络播发用于提高定位精度的差分数据。建基准站相当于树“标杆”，增强是在“标杆”帮助下，提高北斗系统的定位服务精度。地基增强原理如下图所示。蓝色墩子的位置是提前测量好的，非常准确，黄色终端和墩子放在一起，红色终端代表墩子附近的用户。黄色终端和墩子相当于红色终端的标杆。

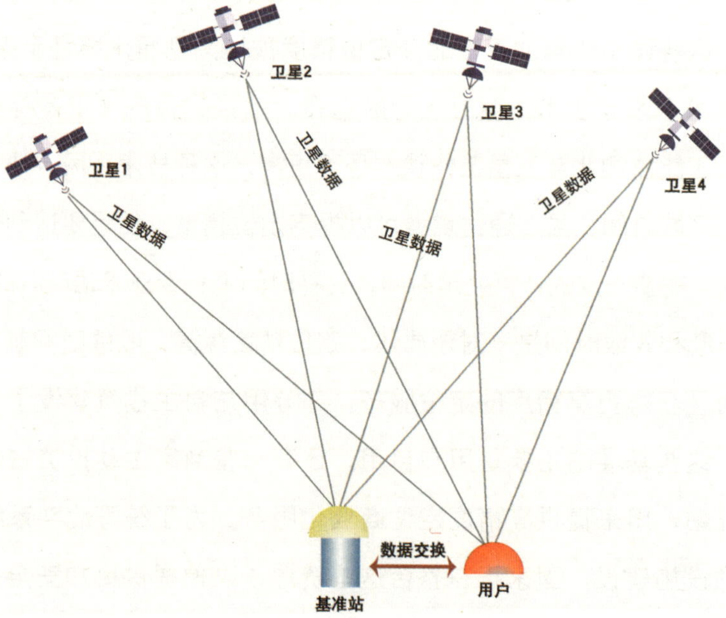

北斗地基增强示意图

前文定位原理讲述过，由于各种原因导致黄色终端的定位结果不太准确，有定位误差（表现为定位精度）。墩子和黄色终端放在一起，位置本应该一模一样，但由于定位误差导致，实际上黄色终端给出的位置和墩子位置是不一样的，这个位置偏差数据专业术语叫差分参数。把差分参数通过地面网络（比如 4G 通信网络）告诉红色终端，红色终端把差分参数修正后得到自己的准确位置，从而实现高精度定位。

为什么黄色终端的位置偏差就代表了红色终端的位置偏差呢？红色终端和黄色终端距离比较近，它们用的定位卫星几乎相同，大气层对它们的定位影响差不多，黄色终端和红色终端的定位误差基本相同，因此可以用黄色终端的定位误差修正附近用户终端的定位误差。这只是大概理论，实际应用中，位置误差消除法达不到厘米级定位精度，一般会采取实时动态载波相位差分技术（RTK）实现。用户离标杆越近，精度越高，也就是说地面基准站布设越密，全国范围的定位服务精度越高。要想实现毫米级定位，还需要对定位结果进行计算处理，所以毫米级定位不是实时的，需要一定计算处理时间。这就是为什么有米级、分米级、厘米级和事后毫米级不同精度服务的原因。

北斗星基增强服务（BDSBAS）

北斗系统通过 3 颗地球静止轨道卫星，向中国及周边地区用户提供符合国际标准的 I 类精密进近服务，支持单频及双频多星座两种增强服务模式，可为交通运输领域提供安全保障。（来自《新时代的中国北斗》，2022 年 11 月）

星基的意思是通过北斗卫星播发差分参数，以提高用户定位精度，增强北斗系统服务能力。最早提出星基增强服务，目的是为飞机用户提供高精度定位服务和完好性监测服务，因为飞机用户没法在地面架设基准站。实际上不仅飞机用户，地面上任何用户只要能接收星基增强信息，就可以获得这项服务。Ⅰ类精密进近服务指的就是为飞机提供着陆状态下的定位服务。星基增强系统的基准站其实也部署在地面，但给用户播发差分参数的路径是通过卫星，用户感觉增强基准站仿佛在卫星上。星基增强和地基增强功能类似，也是提高定位精度。但不同的是，星基增强把基准站的差分参数做集中化处理，然后通过卫星播发给所有用户。星基增强后的定位精度与用户到基准站的距离无关，卫星信号“照”得到的地方都能获得高精度服务。事情总有两面性，扩大了服务范围，牺牲了定位精度，所以星基增强不如地基增强定位精度高。星基增强还有一个功能是监测北斗卫星完好性，并把完好性信息和差分参数一起发给用户。

1998 年，GPS 系统“选择可用性”政策还没有取消，我国北斗系统尚未建成，为满足导航定位使用需要，又要确保使用安全，我国启动了中国卫星导航增强系统建设，这个系统就是最早的星基增强系统。后来 GPS 系统“选择可用性”政策取消，该项技术被纳入北斗系统工程建设。

虽然星基增强定位精度不像地基增强那么高，但它服务范围广，不依赖地面，定位实时性高，可以为飞机等高动态用户和轮船等无地面基准站用户提供实时高可靠的高精度定位服务。星基增强系统的主要用户是民航，由于飞机航行速度快，快着陆时对定位精度要求高，星基增强的定位精度无法满足其要求，需要地基增强系统 GBAS 进行辅助。所以，虽然星基增强能够一定程度提高北斗定位精度，但这不是其主要作用，其重点是对北斗卫星进行完好性监测。这里的地基增强系统不是我们前面说的北斗地基增强系统 BDGAS，是国际民航标准专用的技术称谓，是在机场跑道附近架设多套可靠的监测接收机，对机场周边的可见导航卫星进行完好性监测和差分改正，保证飞机可以准确地降落到跑道上，甚至可以自动滑行到停机坪。

?问问科学家

问： 什么是卫星完好性？

答： 卫星完好性表示卫星的健康状态。卫星就像人会生病一样，工作过程中也会出现故障，完好性监测就像医生对人做体检。人的体检一般是阶段性进行的，隔一段时间去检查一次就行了，卫星完好性监测是常态化的，时时刻刻都要监测，确保用户使用北斗系统时知道哪颗卫星可用，哪颗卫星不可用。完好性监测除了告诉用户北斗卫星的健康状态，是否可以正常提供导航服务，还要把卫星健康状态告诉北斗地面运行控制系统，以便地面运行控制系统管理人员及时掌握北斗卫星的运行状态。

北斗精密单点定位服务（BD—PPP）

北斗具备精密单点定位服务功能。通过 3 颗地球静止轨道卫星，免费向中国及周边地区用户提供定位精度水平优于 30 厘米、高程优于 60 厘米、收敛时间优于 30 分钟的高精度定位增强服务。（来自《新时代的中国北斗》，2022 年 11 月）

精密单点定位服务精度介于地基增强和星基增强之间。精密是相对于标准定位而言的，精密定位精度远高于标准定位精度；单点是相对地基增强而言的，地基增强用户和基准站成对出现，精密单点定位用户不依赖基准站，利用单台终端就能实现高精度定位。精密单点定位精度虽然比星基增强提高很多，但与地基增强比还是有一定差距。

北斗精密单点定位也是依赖地面基准站获得系统误差参数，再通过地球同步卫星播发给用户，所以本质上属于星基增强服务，但定位增强算法不同。精密单点定位精度虽然没有地基增强高，但是用户不用架设基准站，使用灵活，成本低，对于不易架设基准站的用户是很好的选择。精密单点定位的缺点是首次开机或在失去卫星信号（比如路过超长隧道）后再次获得高精度定位所需要的时间（收敛时间）较长，比如官方公布的收敛时间是 30 分钟。精密单点定位适用于对定位实时性要求不高，对定位精度有一定要求的用户。

北斗室内定位

"哇，停车场好大呀，我刚才把车停哪儿了，晕了晕了……"

"马上快安检了，机场安检口在哪儿啊？"

"商场的 E24 出口在哪儿，我都转好几圈了。"

这是我们生活中常见的场景。室内定位一直是人们出行的刚性需求。北斗为什么进了室内就不能用了呢？这和无线电波的传播特点有关。有的无线电波可以绕着障碍物走，有的不能绕着走。比如，广播信号可以通过门和窗户的缝隙绕进屋里，所以人们可以在屋子里听广播。北斗导航信号和光类似，不能绕着障碍物走，也无法穿透障碍物，遇到障碍物会反射（撞了南墙要回头）。使用北斗系统必须"见天"，只有室外开阔的地方才能收到北斗导航信号。"见天"是所有卫星通信的特点，这是由卫星通信选择的信号频段决定的。使用手机或者车载导航时，当我们进入楼内、隧道、地下停车场等非暴露空间，导航失效，导航软件提醒"北斗卫星定位信号弱"，就是这个原因。

北斗室内定位现状

人们需求这么迫切，就没有好办法解决吗？

在国际上，室内定位一直是科学家追逐的技术方向。我国科学家也一直致力于寻找室内定位的有效解决途径，做过很多探索技术，主要有 5G、Wi-Fi、惯性导航、蓝牙、RFID 标签、红外、视觉、超宽带（UWB）等室内定位技术。北斗室内定位也是科学家们所热衷的。基于北斗定位的基本原理，卫星挂在天上能提供定位服务，把天上的卫星搬到地面来（北斗基站），挂在墙上、挂在隧道里、挂在车库里也应该能定位，听起来似乎挺有道理，为什么到现在还没有实现北斗室内定位呢？确切地说，也不是完全没有实现，经过北斗科学家们的不断探索，已经在部分场景实现了北斗室内定位，但都是定制化的场景，需要精雕细琢进行误差消除，还没有全面普及。

北斗室内定位的技术难题

北斗卫星搬到地面，遇到的第一个问题是“多路径效应”。太阳光照射到水面会反光，北斗信号也一样，遇到物体会反射。反射信号和北斗信号长得很像，因为反射方向不同，导致反射信号杂乱无章，对正常定位产生影响，这就是“多路径效应”。在室外，场地比较宽阔，多路径效应影响会小一些。

北斗卫星搬到地面，遇到的第二个问题是“远近效应”。地面上能挂北斗基站的地方离用户很近，不同北斗基站挂的地方远近不同，有距离差。虽然这个距离差并不大，但北斗基站到用户的距离本来就不大，所以相对来说这个距离差就比较大，对正常定位产生影响，这就是“远近效应”。在室外，卫星信号是从遥远的太空到达地球，虽然不同卫星到地面的距离之间有差异，但这个差异相比于卫星到地面的距离而言几乎可以忽略。

这些问题导致北斗室内定位比室外定位技术难度大，一定程度上制约了室内定位技术发展。把室内定位和室外定位进行融合，也是要解决的技术问题。有了室内外定位融合技术，才能保证用户位置从室外到室内、从室内到室外顺利切换。

北斗室内定位技术发展

北斗基站有的是将天上播发下来的北斗定位信号转发到室内，有的是在基站里预装北斗定位信号，无论实现途径是什么，这些基站发出的定位信号都和真实的北斗卫星定位信号很像，所以有人称之为北斗“伪卫星”。伪就是假的意思，北斗基站发出来的定位信号和北斗卫星信号虽然很像，但还是有差异，如果不加强管理，会对正常北斗应用产生影响。北斗室内定位技术仍处于技术探索阶段，缺乏普及性验证结果，只有技术验证成功才能形成统一的技术标准和安装部署规范。针对社会对北斗室内定位的强烈需求和科学家们的热情探索，国家需要规范北斗地面基站的部署和使用，为北斗室内定位技术发展保驾护航。

相信不久的将来，在北斗室内定位技术的加持下，我们在室内停车场也可以更便捷地停车、找车，在商场更容易与朋友会合，在机场可以更精准地找到安检口，我们的生活将更加便捷。此外，室内救援、场内物流等公益性服务也将带来颠覆性的应用革命。

问问科学家

问：北斗进了室内，会对人们身体造成辐射伤害吗？

答：卫星发射的北斗信号非常微弱，北斗室内定位信号和卫星发送的信号强度差不多，比手机信号还弱，所以不会对人们身体造成任何伤害。

问：北斗系统为什么不选择能绕着障碍物走的无线电波？

答：无线电波有两个关键参数，一个是频率，一个是波长，它俩可是一对“冤家对头”，总是反着来，频率越高，波长越短；频率越低，波长越长。无线电波的传播损耗和频率有关，频率越高，损耗越小。卫星在太空，到地面的距离很远，为了减少传播损耗，所以选择频率高的无线电波。频率高的无线电波的波长短，波长越短绕射能力越差。甘蔗没有两头甜，北斗选择不能绕射的无线电波是由无线电波传播特性决定的，也是国际电信联盟选择 L、S、C 频段作为导航频段的结果。

卫星的“家”

北斗卫星在太空中的“家族”叫卫星星座，每颗卫星的小“家”叫卫星轨道。为了方便理解卫星轨道，我先从牛顿的故事讲起。牛顿是我们熟悉的伟大的物理学家，关于牛顿的故事很多，其中与卫星轨道有关的故事叫“牛顿大炮”。

牛顿从小就喜欢思考，有一次，他发现大炮发射出去的炮弹总会落地，炮弹落地的距离和炮弹的发射速度有关，炮弹速度越大，落地距离越远。这一点比较好理解，炮弹被发射出去后，在向前飞行的过

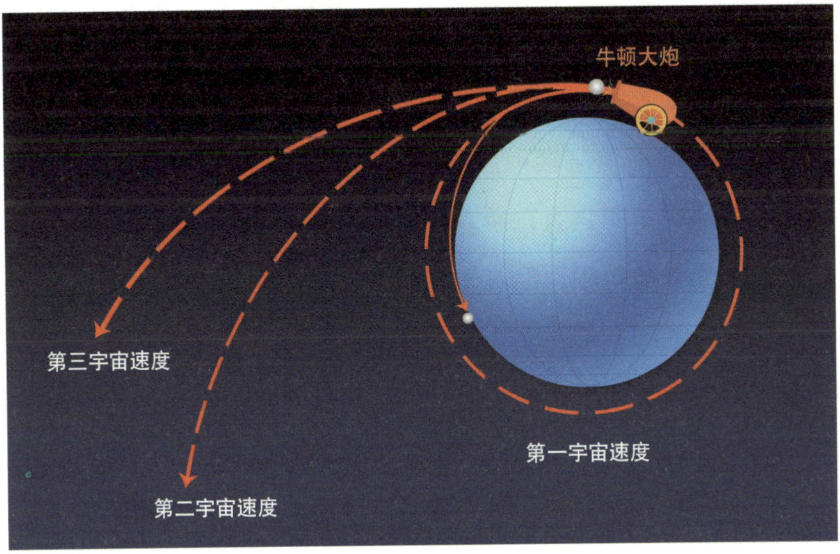

宇宙速度示意图

程中受到地球引力的影响，被吸引回到了地球。牛顿想，如果在山上架一门大炮，威力足够大，给炮弹一个足够的速度，它落地的距离足够远，远到一直不落地，飞行的轨迹和地球表面曲率一样，能不能就这样绕着地球一直飞下去呢？如果速度再大一些，它会不会飞离地球跑到外太空？伟大的发明都来源于生活中的思考，牛顿遇到树上的苹果砸脑袋发现了“万有引力定律”，看到大炮发现了“宇宙速度”。

卫星飞行的水平速度只要达到第一宇宙速度（7.9 千米 / 秒），不需要再加动力就可以环绕地球做匀速圆周运动，这时卫星的飞行轨迹叫卫星轨道。第一宇宙速度是人造地球卫星环绕地球做匀速圆周运动时的最大速度，飞行速度大于第一宇宙速度时，卫星还会环绕地球飞行，但是不再做圆周运动，而是做椭圆运动；达到第二宇宙速度时，就脱离地球束缚，跑到太阳系了。北斗导航卫星等人造地球卫星被火箭送到一定高度的太空，火箭会给它一个设计好的水平速度，卫星脱离火箭后就按照自己的轨道绕地球转起来，这样卫星就在太空中安“家”了。

卫星进入太空后，对地面的服务范围与卫星离地球的高度有关。可以把卫星对地面信号辐射想象成手电筒照射，当卫星离地球越远，手电筒照射地球范围越大，所以高轨道卫星的好处是，可以用较少卫星覆盖较大的服务范围。但高轨卫星对技术能力要求高，要把卫星送到更高处，火箭的发射能力也要足够强。就像手电筒一样，从那么远的地方照到地球，要求光的强度（卫星信号强度）足够大，卫星的制造难度也更大。离地球太远，卫星信号传输时间长，所以现在卫星通信都在往低轨道方向发展。选择什么样的卫星轨道，和要得到什么样的服务有关，和经济投入也有关，需要综合考虑各种因素。

问问科学家

问：什么是宇宙速度？

答：宇宙速度分为三个等级，包括第一宇宙速度、第二宇宙速度和第三宇宙速度。

第一宇宙速度为 7.9 千米 / 秒，也叫环绕速度，是物体环绕地球表面飞行而不落地的最大飞行速度。为什么叫最大速度呢？比如导航卫星，它总不能在地球表面飞行吧，撞到大山、高楼怎么办？再说地球表面有大气层，会对飞行产生阻力，所以一般都把卫星送到太空。卫星离地球远了，受地球引力小了，逃离地球束缚的压力就小了，不用达到第一宇宙速度也能飞起来不落地。所以最大速度是相对离地球远近来说的，比如 MEO 卫星的飞行速度是 3.1 千米 / 秒，它的速度就小于第一宇宙速度 7.9 千米 / 秒。以第一宇宙速度飞行的卫星像个乖乖女，时刻以地球妈妈为中心，一直围绕地球转。

第二宇宙速度是 11.2 千米 / 秒，也叫脱离速度，是物体已经脱离地球束缚但没有逃脱太阳系束缚的最低速度。为什么叫最低速度呢？物体飞行速度越大，逃离地球的能力越大，大到一定程度后，完全脱离地球束缚，就跑到了太阳系，所以最低速度是针对脱离地球束缚来说的。以第二宇宙速度飞行的卫星像叛逆的孩子，离地球妈妈远远的，但他（她）还不够成熟，仍然生活在妈妈的大家族——太阳系里。

第三宇宙速度是 16.7 千米 / 秒，也叫逃逸速度，物体达到这个飞行速度时，将逃离太阳系，到太阳系外去旅行。以逃逸速度飞行的卫星就像雄心勃勃的小伙子，终于长大有本事了，不仅逃离了地球妈妈的视野，还逃离了太阳系大家族的束缚。

卫星“退役”后去了哪里

太空中的卫星越来越多，卫星轨道越来越拥挤，尤其是地球同步静止轨道和低地球轨道是最拥挤的。虽然各航天机构都按照国际规则部署各自的卫星系统，但由于受地球大气阻力以及太空碎片等影响，实际运行时还是会出现卫星之间距离过近的情况，有相撞的危险，这时候就需要人工进行太空干预，将某颗卫星推向另一个方向，不让它们相撞。其实对卫星影响最大的不是按规则运行的在轨卫星，而是太空中的卫星碎片。想象一下，随着卫星不断增多，太空中碎片与卫星不断碰撞，再产生更多碎片，然后再碰撞更多卫星……未来会出现“宇宙级大碰撞”的场景吗？航天科学家们当然不会让这种情况发生，世界主要航天大国都在积极研究卫星回收技术和太空垃圾主动清除技术，并取得初步成果。

卫星垃圾场

自 1957 年世界上第一个航天器进入太空以来，太空里早已密布各种类型的废弃航天器和碎片，在没有外界的干扰下，它们是不会凭空消失的。现在运行的航天器也可能因为故障而无法调整轨道，成为新的太空垃圾。这些废弃航天器和碎片形成既壮观又可怕的太空“卫星垃圾场”。为了维护太空秩序，机构间空间碎片协调委员会通过制定相应规则进行太空管理。

地球同步静止轨道因为位置资源稀缺，得到国际航天领域特别关注。1997 年，机构间空间碎片协调委员会制定一项规章，要求各国在地球同步静止轨道卫星“寿终正寝”前，将其推进同步轨道上空 300 千米处的“坟墓”轨道。

离地球 2000 千米以下的近地球轨道因为离地球较近，是卫星通信和卫星遥感的主战场，绝大多数卫星都运行在这个空间，被机构间空间碎片协调委员会指定为保护区，要求卫星运营商在其任务结束后缩短航天器在保护区的停留时间。

人造卫星的“退役”方式

人造卫星系统都是按照确定数量设计的，卫星寿命到期后，要把它推离原来的轨道，给新的卫星让位，因此，在卫星即将完成使命的时候，给它留一点动力用于改变运行轨道。把“退役”的卫星往哪里推呢？离地球比较近的低轨卫星，一般会采取“火葬”，也就是把它推入大气层，它在飞行中与大气剧烈摩擦，产生高温将其自身烧毁，一般体积不大或者未采用超耐高温材料的卫星，都可以采用这种方法销毁。对于体积、重量较大，或者无法完全烧干净的卫星，为了避免回收时对人类造成伤害，可以采取“海葬”的方式，将其回收落地点设计在大海上，利用海水降低其温度，让其沉入大海“寿终正寝”。对于高轨道卫星，由于离地球太远，回收到地球太费力，可以采取“天葬”方式，将其推向外太空的卫星垃圾场，和其他“退役”的卫星们做伴遨游太空。

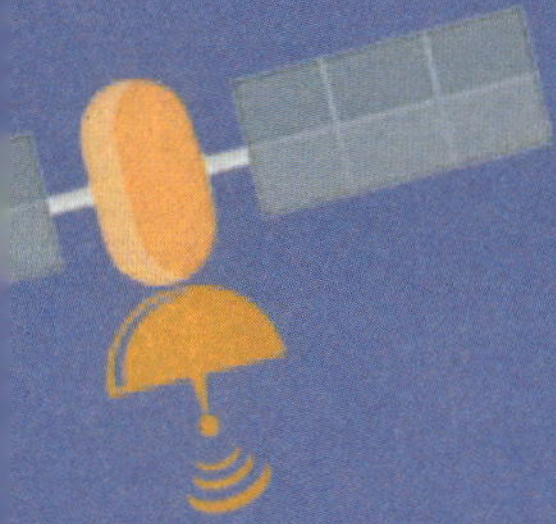

5

北斗是怎样建成的

风风雨雨30年，丰功伟绩30年。北斗30年发展历程，全面体现了“自主创新、开放融合、万众一心、追求卓越”的新时代北斗精神。

北斗系统的工程组织

北斗系统是一项国家级重大科技工程，技术专业面广，工程工作量庞大，需要很多单位参与技术研发和工程建设。

多个单位同时参与一项重大工程建设，首先面临的问题就是任务分工。以做衣服为例，要做一件漂亮的旗袍，有人擅长衣服总体设计，有人擅长刺绣，有人擅长盘扣子，有人擅长做身体部位，有人擅长做领子部位，有人擅长做袖子部位……衣服身体部位和领子、袖子等各部位之间的对接尺寸要匹配，扣子跟扣眼尺寸和位置要吻合……一个个看似独立的任务，其实需要密切的配合。做北斗工程比做衣服要复杂得多，参加的单位也多，有做卫星的，有做地面运行控制系统的，还有做用户终端的。以地面运行控制系统为例，不同单位分别承担主控站、注入站、监测站建设。做主控站的也有好几个单位参与，有熟悉计算算法的，有熟悉硬件的，有专门做“大锅”天线的，等等。用户终端也包括好几类技术形态，比如有做定位终端的，有做授时终端的……

北斗系统是系统化工程，虽然论证系统建设方案时已经做了比较详细的总体设计，提出了明确的建设目标，但设计方案过于笼统，在工程实施之前需要把这些任务科学地分解，并委派给适合的单位承担，然后在工程实施中组织相关单位密切协同，出现问题及时沟通协调。

北斗是一个全新的高科技系统，没有成功经验可以借鉴，如何把这么大的工程组织好、实施好，确实考验北斗人的智慧。北斗工程成立了行政指挥体系和技术指挥体系，采取双线条协同管理策略。参与北斗建设的单位按照任务书分工独立开展工作，平时分散办公，两条指挥线根据工程建设进展情况定期召开或根据需要临时召开协调调度会。北斗系统的指挥体系按照不同层级可以划分为工程大总体指挥体系和各分系统、子系统指挥体系。

行政指挥体系

北斗系统行政指挥体系主要由各相关单位的行政领导构成。大系统行政指挥线主要负责总体性工程协调事项和资源保障。以 1998 年北斗卫星上天前的卫星系统和地面系统（地面运行控制系统、应用系统）之间的工程联调为例，大总体指挥线根据各分（子）系统研发进度，确定联调时间、联调场地、运输工具、组织搭建联调时需要的电子指挥调度系统（对讲台）等。各分（子）系统的行政指挥线按照任务分工分头落实。

技术指挥体系

北斗系统技术指挥体系主要由各相关单位的骨干技术人员构成，分为北斗系统总设计师、副总设计师，分系统总设计师、副总设计师、主任设计师、主管设计师、设计师。大系统技术指挥体系主要负责北斗系统技术指标分解、按照工程进度组织不同系统之间的技术对接联调、研究解决工程实施中需要特别攻关的技术难题等。各分（子）系统的技术指挥体系主要负责分、子系统的技术指标细化，产品技术要求制定，关键技术论证，组织分、子系统技术研发和产品研制等。

北斗系统建设初期，人少事多，参与者激情满满，每个人都能找到合适的岗位。比如，我在28岁时就开始担任主管设计师，32岁开始担任主任设计师。参与北斗工程建设，给我最大的感受是，一项国家重大工程能够给年轻人的成长提供很好的平台，抓住机会，成就事业，也是在成就自己。

问问科学家

问：北斗是属于哪个单位的？

答：北斗系统是国家重大工程，由国家拨付专项资金投资建设，有很多单位参与北斗系统建设、运行管理和应用产品研发，所以北斗系统不是属于哪个特定单位，而是属于国家的。

北斗系统的技术研发

工程任务分工和技术指标分解

北斗系统任务分工是北斗工程组织实施最关键的一个环节。找合适的人做合适的事，万一没找对人，不能及时、高质量完成工作任务，可不是打板子受罚那么简单的事。那么复杂的工程，大家必须“同频共振”，都在一个节奏上，任何一个分系统没按期完成，都会拖延大系统的工程进度，所以首先需要实地调研考察有相关技术能力的单位，还要进行科学甄选，最终确定任务承担单位。

技术指标分解也是很重要的环节，能够承担指标分解的都是工程经验非常丰富的人，比如北斗总设计师孙家栋先生就是“两弹一星”专家。下面举一个指标分解的例子。

北斗一号系统“一次定位时间”技术指标是 1 秒 / 次，这个指标是怎么来的呢？北斗一号系统卫星在 36000 千米的地球静止轨道上，北斗定位采取 RDSS 技术体制，即每次定位用户先向卫星发送请求，卫星将定位请求转给地面运行控制系统，地面运行控制系统解算出用户位置后再发给卫星，由卫星转发给用户，一次定位过程相当于信号走了 4 个 36000 千米。北斗信号以光的传播速度 3×10^8 米 / 秒进行传播（忽略大气层影响），传播 1 个 36000 千米的时间是 0.12 秒，走 4 个 36000 千米的时间是 0.48 秒。剩余的 0.52 秒被分配给地面运行控制系统和用户终端，地面运行控制系统又要分给硬件设备传输和软件定位解算，用户终端也要再分解给硬件和软件部分，所以每个环节的时间都衔接得特别紧，要非常精密地计算，并且都要严格按照设计的指标进行研发。

类似的指标有很多，这些都是系统进入工程实施阶段所面临的问题。北斗系统太大了，不可能每个细节都由有经验的系统大总师来定，于是就由我们这些初出茅庐的年轻人上场，边干边学，不断进步和成长。

分（子）系统研发

分（子）系统研发相当于制作衣服过程中袖子、领子、扣子等部分的分头缝制，每个部分对技术能力要求都很高。虽然在任务分工时已经对工程承担单位做了大量调研考察工作，初步确定这些单位有能力把任务完成好，但北斗毕竟是一项全新工程，实施过程中总是不可避免地遇到一些困难，导致个别系统工程进度延后。这时候两条指挥线就派上了用场，行政指挥线进行资源调度和工程协调，技术指挥线召开技术研讨会，专家们互相启发，甚至是专项研究、专题攻关。

系统研发是最根本的建设环节，是解决系统有和无的初始性工作，也是原创性工作，没有太多经验可以借鉴，要不断学习，也要不断摸索。当年我负责研发的一个软件产品，研发完成后进入初步运行时出现了问题，运行不下去，但怎么也找不到原因。对付软件程序最笨也是最无奈的办法就是关机重启，结果关机重启后问题还真是莫名其妙地消失了。可是，对于北斗工程，任何问题都必须找到原因，任何子系统都必须“问题归零”，不能带病上岗，否则卫星上天后，万一出现问题系统就瘫痪了。好在3个月后同样的问题又出现了，不怕问题存在，就怕不再出现，否则很难将问题归零。我这次依然找不到原因，于是继续运行观察，3个月之后同样的现象又出现了，继续观察3个月，问题重复出现。这下可抓住规律了——每次都是3个月，肯定和时间有关。有了方向后问题很快得以解决。还有一次，要标定一个技术指标，我们做了十几种方案，结果都走不下去，还要不断探索新的解决办法。初创性科研有很多不确定性，科研过程就像走迷宫，明明看着是一条光明大道，结果却是死胡同。北斗科研就是这样不断探索、不断成长的过程。

系统间对接联调

做衣服时要把袖子、领子和身体缝到一起才能做成成品衣服，北斗系统也一样，要把不同分（子）系统分别研制完成后整合成为一个完整的系统，我们把这个整合过程叫对接联调。系统只有对接联调成功之后，才能顺畅地运转起来。为了避免出现“负负得正”的情况，各参与单位采取“背靠背”方式按照任务分工分头开展工作，分（子）系统完成研制后，再凑到一起进行对接联调。系统对接过程中，可能出现压根对不上的问题，也可能出现对接后技术能力不能满足设计指标的问题，于是要进行相应的研究处理，这就是联调过程，快的话可能刚一对接就成功，慢的话可能要几个月。

北斗系统联调分为地面模拟联调和卫星在轨联调两个阶段。地面模拟联调主要目的是把技术问题在地面上解决掉，避免卫星带“病”上天。地面模拟联调把所有问题解决后，卫星升空，开始进入卫星在轨联调阶段。虽然经过地面模拟联调后已经很有把握，可是卫星上天后大家依然特别紧张，生怕地面收不到信号。

北斗系统第一次地面模拟联调选择在卫星制造厂进行，北斗卫星被放置在装满液氮的超大罐子中，液氮模拟太空的超低温工作状态。当时，施工过程中，少许液氮蒸发出来，白雾升腾，如同仙境。在联调过程中，不同研发团队在不同房间里工作，大家只能通过电子调度系统进行沟通。蔚为壮观的北斗卫星，此起彼伏的调度声，忙忙碌碌的北斗人。20 多年过去了，每次想到那个场景，我都会非常激动，感恩北斗给了我这么丰富的人生经历。

在轨指标测试

卫星升入太空表示卫星已经运行在轨道上，但是这并不意味着系统就建成了。卫星上天后科学家们还得关注卫星能否工作，各种指标有没有达到设计要求。比如，卫星信号对地面的覆盖性是否达到预期，能不能覆盖我国国土，对周边地区的覆盖延伸到了哪里，大海中的船舶走多远还能“看见”北斗。再比如，卫星信号从太空传播到地面，穿过大气层会产生传输延迟，大雨或大雪等恶劣天气也会使卫星信号能量衰减，受到这些因素影响后，卫星信号到达地面的能量还够不够。这些问题虽然都有理论设计来应对，但实际情况和理论设计是两码事，所有技术指标只有通过实际测试才能明确。

北斗系统的星地在轨联调和两个盲人握手有点像，两个人先是伸手的力度大一些，彼此抓住对方的胳膊，确保找到对方，然后慢慢往后缩，直到摸索着找到对方的手，再紧紧握住。卫星上天后是没法再做改变的，所以只能依靠地面调整指标。为了让卫星和地面先找到对方的胳膊（接通信号），我们把用户终端发射的信号功率做得比较大。可是用户终端是用户要随身携带的，信号功率大会对人的身体有害，还会多耗电导致电池重量大，所以必须通过测试把指标调优，直到找到最合适的指标点，最后固化成北斗技术标准，作为研制北斗终端的技术依据。

如今，我们看到的技术指标就是一个简单的数据，大家按照这个指标就能做出合适的北斗产品，却不知道指标确定的过程是复杂和艰难的，是经过北斗系统建设者辛勤付出才得到的宝贵成果。

从铁疙瘩到芯片

用户终端是用户对卫星导航系统最直接感受的载体。刚开始时，北斗系统用户终端只有 4 个单位参与研制，1997 年 7 月，第一款北斗终端样机诞生。那时候的北斗终端并不属于真正的应用产品，主要用于北斗系统技术对接联调。因为是样机，所以体积和重量都特别大，最轻的也将近 10 斤，像一块大铁疙瘩，不使点劲儿还真拿不起来。2000 年，用户终端开始小批量试生产，这一批产品依然不是最终应用型产品，主要用于北斗一号系统卫星在轨测试。后续我们又相继开展了北斗终端的模块标准化设计，比如电池标准化、接口标准化等。随着终端技术快速发展，北斗终端设备不断优化，从小批量试生产的背负式、车载式、手持式，直至芯片化。

北斗终端的不断升级和演进过程，见证了电子技术的迭代发展，也见证了北斗 30 年的成长历程。

北斗系统的成长故事

“无家可归”的北斗初创团队

1994年，国家决定建设北斗卫星导航系统后，双星筹备办从各相关单位抽调了几位技术骨干成为北斗种子团队，种子团队又到各大院校招了14名大学本科毕业生加入北斗初创团队，我就是这14名大学生之一。

大学生毕业是有时间节点的，大家都是7月份毕业。可这时双星筹备办还没有找好落脚点，没有办公室，我们这些大学生就来报到了，这可怎么办？于是，筹备办临时借用了一个招待所的会议室。会议室在招待所三楼，大门对着步行楼梯，房间不到20平方米，只有一张会议桌放在房间中央，旁边是几把老式椅子，这就是双星筹备办的第一个家，“寒酸”又温馨。但这个小房间哪容得下这么多人，于是筹备办负责人又想到了好办法，把我们全部“发配”出去实习。听说实习我们都很高兴，想着赶紧学习相关本领，好尽快投入北斗研发工作。去了实习单位后才发现，这哪里是学本领的实习，大家做的事情和北斗一点儿关系都没有。我被安排到一家地图印刷厂的车间印地图，还做一些整理资料等辅助性工作。当时我们很困惑，不明白为什么这么安排，还以为一毕业就开始做“高大上”的航天工作呢，后来才慢慢了解到，这只是筹备办的权宜之计，先把人拢起来，等找到合适地方再去招人就错过招人机会了。

双星筹备办的原办公场所，如今已重新装修过

随着北斗地面初创团队不断壮大，这家招待所又腾挪出几个房间给双星筹备办使用。根据业务特点我们被分成几个小组，我所在的小组一共有 4 个人，一位比我们大 10 岁的老同志带领我们刚毕业的 3 名大学生。我们这一批大学生是 1995 年 7 月毕业，办公室稳定下来的时候已经是 1995 年底。小小的办公室里，对着两面墙摆着 4 张办公桌，北京的冬天很冷，但我们的心却是温暖的，北斗终于有“家”了！当年全部的家当，就是这个温馨的小“家”和一份国家批复的北斗工程立项报告，但我们仍然满怀激情，充满希望，老少携手，开启了我们的“北斗之旅”。

北斗的“第一桶金”

万事开头难。国家最初决定做北斗系统的时候，其实还没有准备好足够的建设资金，可是没有钱想办法也得干啊！北斗初创团队“看中”了别的卫星系统的备份卫星资金，如果他们的卫星发射成功，这份备份卫星资金就可以节省下来转给北斗系统使用，北斗系统建设就有钱了。幸运的是，那个系统卫星成功发射，北斗系统因此获得了

“第一桶金”（根据老北斗人回忆记录）。这样宝贵的资金必须用在刀刃上。我们招待客人都尽量带去单位食堂，最奢侈的是订一份盒饭。30年过去了，每次回忆起来，大家围坐在招待所那个会议桌旁吃盒饭的情景仍然记忆犹新。

北斗系统的“无名”总师

当年负责到北京航空航天大学招聘大学生的是双星筹备办的第一任技术负责人，也是我激情澎湃投身北斗的启蒙老师。在招聘会上，他动情地讲述建设北斗对我们国家安全发展的重大意义，讲述自己从20世纪80年代起就开始研究国外卫星导航技术，讲述自己抛家舍业只身一人来北京筹备北斗的初衷，讲述自己在招聘时发现很多大学生不愿意投身北斗建设的无奈……

2014年，中央电视台记者第一次采访我，我特别感恩地回忆了招聘会的这一场景，多次提起这位恩师。在我一边回忆一边讲述的时候，央视记者拿起手机在网上查阅这位老北斗人的名字，可她万万没想到的是，网上没有这位恩师的任何资料。这是因为北斗建设初期没有完全开放，也没有做过宣传，这一代北斗人就这样默默地付出，又默默地退出了历史的舞台。他们不是“网红”，也没有荣誉加身，却是北斗名副其实的大功臣。

北斗筹备办“后勤”主任

北斗卫星导航系统作为航天领域典型的高科技代表项目，按理说筹备组的负责人应该属于科研技术型人才，可是双星筹备办第一任领导，主任和副主任都是搞后勤出身的，他们的主要任务是给北斗系统选地址。北斗人没有地方工作可以凑合，可是北斗系统不能没地方放。北斗地面系统的

北斗地面系统的“大锅”天线

“大锅”天线要安放在没有信号遮蔽的地方才能看到天上的北斗卫星，地面系统的设备要安放在固定机房才能稳定运行……给北斗卫星在天上找到“家”（轨道位置）之后，还要给北斗地面系统找到一个“家”（地面站），所以，后勤主任的工作任务也是非常重要的。在北斗的发展历程中，有很多“后勤主任”这样的北斗人，没有人记住他们的名字，他们是最普通的“星”，照亮了北斗前进的路。

卷积码之“罪”

在北斗技术对接联调过程中，我有一件特别难忘的事。那时我负责北斗终端研制，用户终端要和北斗卫星对接，对接之前要先保证用户终端是正确的。为了验证用户终端是否正确，我们又研制了一颗“假卫星”，叫北斗卫星模拟信号源，它能够给出北斗卫星信号，但不是放在天上发射，而是放在地面来模拟北斗卫星。

北斗系统导航信号编码采取一种称为“卷积码”的编码方式，卷积码编码的特点是由两组移位寄存器交替往外“吐”数字码。打个比方，2 个人按一定秩序（相当于编码设计）在地上交替着摆放篮球和足球，篮球用“1”表示，足球用“0”表示。第 1 个人摆放的是篮、篮、足、篮、足、篮、足（1101010），第 2 个人摆放的是足、篮、足、足、篮、篮、篮（0100111）。正常情况下，第 1 个人先放第 1 个球（篮球 1），第 2 个人紧接着放第 1 个球（足球 0）；然后第 1 个人放第 2 个球（篮球 1），第 2 个人放第 2 个球（篮球 1）……这样交替放下去，形成的顺序如下所示：

10110010011101

如果把两个人的顺序弄反了，第 2 个人先摆放，那么摆出来的顺序为：

01110001101110

从这两个序列对比看出，顺序反了之后，整个顺序完全不一样了。

在实际工程中，有的人习惯设计成第 1 个人先出手摆放，有的人习惯设计成第 2 个人先出手摆放，如果不考虑和别人对接，哪个顺序都是正确的。但是如果一个人设计信号发射，另一个人设计信号接收，就必须提前约定好谁先出手，否则发射的和接收的信号不一样，对接不起来。通过系统总体性设计，卫星播发下来的数据序列，用户终端是提前知道的，准备好筐子，该接篮球的地方接篮球，该接足球的地方接足球，卫星和用户就对接上了。

你按规定发，我按规定收，这不挺容易的吗？可要是规定没做细致就麻烦了，这样的麻烦我就遇到过，现在看起来非常简单的事情，当年却做得非常辛苦。我刚出校门经验不足，在设计编码规则的时候做得不够详细，导致做用户终端的和做卫星模拟信号源的采用了不同

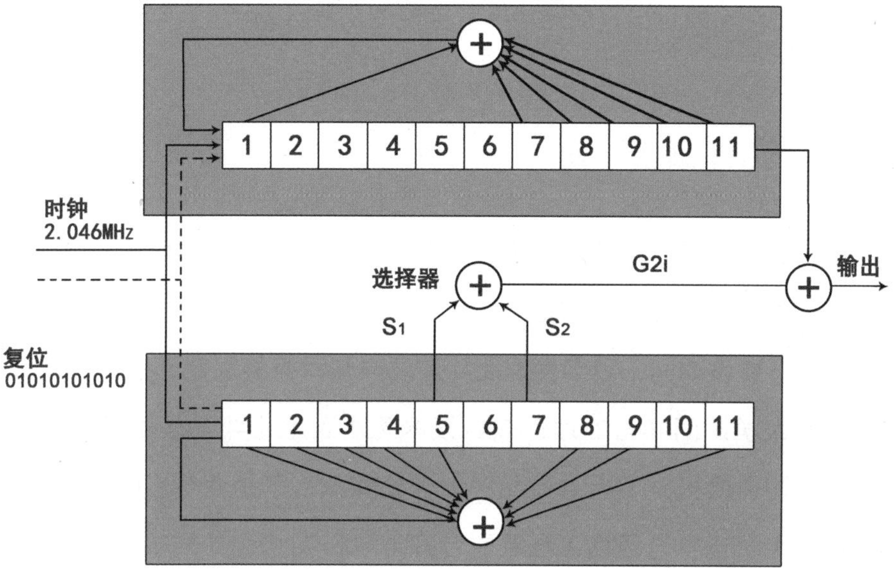

北斗信号生成器示意图（摘自参考资料：全球卫星导航系统）

的出手习惯，系统之间调不通。实在没办法，我把数据打印出来，一个一个比对，排顺序，找规律，看得我眼花缭乱。遇到问题一般都会从理论设计上找原因，而这次只是工程习惯不同导致的，这样的情况很难找到原因。当年找到原因并成功对接的时刻是凌晨 2 点多，这个特别的夜晚和特别的情景深深地刻入了我的记忆中。

北斗于 1994 年立项，直到 2000 年北斗卫星才升入太空，成功走到这一步整整用了 6 年时间。很多人不太理解，建设北斗为什么需要那么长时间。这是因为当年北斗团队面临的是一项全新任务，几乎所有工作都是在摸着石头过河，有些情况根本想不到，只有经历了才能总结经验。

任何一项原始技术创新，都需要久久为功地坚持和持续不断地技术改进，只要坚持下去，就没有攻克不了的堡垒。北斗每一步成长都凝聚着北斗人的付出，沉淀了非常宝贵的工程经验。

北斗“工程硕士”班

我的硕士研究生学位是北京航空航天大学的“工程硕士”，当时我们组织了一期“北斗导航班”。

北斗建设期间，我们发现北斗涉及的知识面特别宽，技术特别深，当年在大学期间学习的理论知识根本无法满足北斗工程建设的需要，因此迫切需要提升卫星导航相关的理论知识，于是北斗团队和北京航空航天大学电子与通信工程系联合开办了一期“北斗导航”工程硕士研究生班。

这一期“北斗导航班”可是实实在在的，学的知识要用到北斗系统建设中去，每一门课程都经过精挑细选，都是北斗工程建设最需要的。我们白天做北斗科研，晚上坐着班车集体去学校学习，如饥似渴，

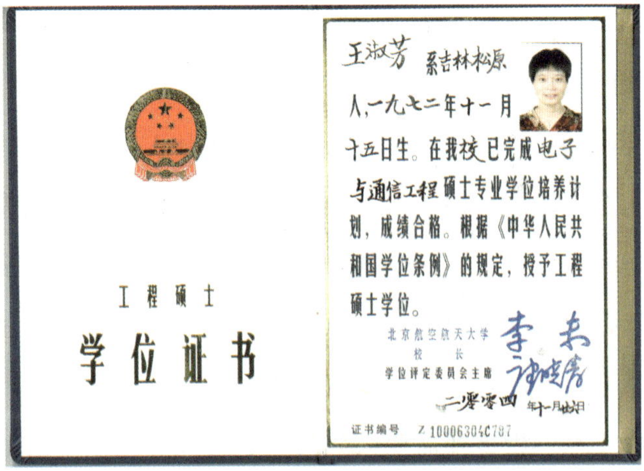
工程硕士
学位证书

王淑芳 系吉林松原人，一九七二年十一月十五日生。在我校已完成电子与通信工程硕士专业学位培养计划，成绩合格。根据《中华人民共和国学位条例》的规定，授予工程硕士学位。

北京航空航天大学
校长
学位评定委员会主席

二零零四年十一月廿六日

证书编号 Z 10006304C787

“北斗导航班”
学位证书

边学边用。现在有些人提起“工程硕士”学位会觉得含金量不高，但我想从自己的亲身经历告诉大家，知识来源于实践，在实践中学习，你对知识的把握会更深刻，你的收获会更丰厚。

双胞胎的“烦恼”

北斗一号系统设计之初，用户终端发射功率是30瓦，工程师们很担心信号辐射对身体有影响，尤其是女同志都不敢要孩子。不巧的是，当时一位女同志意外怀孕，到医院检查发现是双胞胎，按常理，怀双胞胎是多么欣喜的事，但这位女同志得到消息后高兴不起来。“难道是电磁辐射导致的双胞胎？这么大的发射功率会不会对孩子有影响？”一方面担心双胞胎的健康问题，另一方面又舍不得放弃孩子们，这位女同志因此经常偷偷抹眼泪。经过激烈的思想斗争，后来她还是决定把孩子生下来，现在她的双胞胎儿子都已经大学毕业了，非常健康。

事实证明，虽然北斗系统有卫星信号发射功能，比如北斗短报文，但由于北斗信号是脉冲式发射，平均到全时段的发射功率很小，即便是30瓦功率，对人体的电磁辐射伤害也是很小的，尤其经过系统测试优化后，用户终端功率降低到1瓦以下，北斗发射短报文通信信号平均功率比手机电话信号还弱，因此北斗使用起来是很安全的。

我结婚10年后女儿才出生。一方面和那位女同事一样担心信号辐射对胎儿有影响，另一方面也确实没有时间，当时整个北斗团队都在争分夺秒地工作，根本顾不上自己的家事。用我们的青春换来北斗的成功，我们的付出值得！

我和女儿的照片

北斗工程师“海上漂”

2000 年，北斗卫星被送入太空后，需要在地面开展大量测试工作，比如测试北斗系统功能实现，测试定位、授时精度指标等。

北斗一号系统是区域服务系统，卫星上天后需要测试北斗系统的实际覆盖范围，包括海域覆盖测试。

北斗工程师们都是航天科技人才，随船出海可不是他们的强项。当时一名测试工程师抱着对大海的新奇和向往登上了一艘工程船，上了船之后才发现工程船和游艇完全是两码事。工作条件艰苦还好说，最怕的是在大海上随着海浪颠簸。习惯了大海的船员们跟没事儿人似的，该吃吃，该喝喝，可是北斗工程师作为一名科研人员，没受过海上训练，晕船晕得苦胆都快吐出来了。可是到了大海上不是说回来就回来的，能回来也不能回呀，还带着测试任务呢！于是他吐完吃，吃完又吐，活儿该干还得干。就这样，他在海上漂了3个多月，回到单位的时候我们都不敢认他了，又黑又瘦，像换了个人。

当时北斗按照密级管理，这位工程师不能随便和船员们聊北斗，但他大学毕业后就去做北斗了，没什么社会阅历，跟其他人基本没有别的话题可聊。海上没有通信工具，不能给亲友打电话，在月朗星稀的夜晚，他只能面朝大海，仰望太空，和他亲爱的北斗卫星说说心里话。后来回到陆地的时候，他开玩笑说，感觉自己快成哑巴了。

出海测试示意图

北斗“铁疙瘩”之重

20 世纪 90 年代，电子信息技术还不够发达，刚做出来的北斗终端又大又笨。为了方便携带，我们把北斗终端设计成背负式，把天线通过拉杆顶在头上，主机背在背上，手上拿着屏幕。

卫星上天后，我们背着北斗终端去不同环境下测试。为了测试下雪过程对北斗信号的真实影响以及用户终端对低温环境适应性，我冬天背着用户终端到东北去测试。为了测试用户终端的高温适应性，我们在炎热的太阳底下做测试。

我年轻时的体重只有 80 多斤，瘦小的身体背着近 10 斤重的设备，经常不分昼夜连轴转，长期超负荷工作使得年轻的心脏出现了问题。一开始我没太在意，只是感觉不舒服，直到有一次正在工作时突然晕倒，去医院检查才发现一天 24 小时内有 2 万多次心脏早搏，相当于每分钟 70 次心跳中有 13 次是不正常的。年轻时的超负荷工作落下了病根，现在我不敢跑步，不能参加重体力活动。付出身体健康的代价是浅层次的，当时我们最关心的不是身体，而是北斗能不能做成。当时没有人知道要等多久才能等到北斗成功的那一天，因为前途不明朗，有些人中途离开了北斗。北斗团队人少事儿多，我们只好经常加班加点干活。今天回想起来才明白，在科学史上，从来就没有随随便便的成功，尤其是原始创新型科研，更需要科学家们的不断坚持和坚守。

英语达人“铁姑娘”

负责北斗系统导航频率和卫星轨道协调的是一位和我同期加入北

斗的应届大学生。记得刚参加北斗系统建设时，她的英语水平并不突出，但是代表中国参加国际电信联盟会议，不仅要有很强的英语听说能力，还要有较深的卫星导航专业知识和及时应对的沟通智慧，对英语能力要求很高。英语靠突击提升不太现实，除了自学，没有别的好办法。于是，这位同志不仅要忙于参加北斗系统建设，还要忙于自学英语，每天忙得团团转，被我们称为“铁姑娘”。这位“铁姑娘”和我一样，也是结婚多年才要孩子。

北斗系统从无到有，我们也在实践中锻炼和成长，涌现出很多“铁姑娘”这样的人才。曾经有人问我，什么样的学历和能力才能参加北斗系统建设？我想和大家说，初始学历教给我们的是学习本领和对知识体系的认知，进入工作岗位后有老同志传帮带，有边学边用的能力，什么学历并不重要，重要的是肯学习，愿付出，只要努力，一定能够做出北斗这么伟大的事业，成为“铁姑娘”这样优秀的人才。

“黑电工”惹的祸

随着北斗系统建设成功推进，不断有更多人员补充到各个岗位。其中，北斗地面系统电源队是一支非常重要但又不太显眼的基础保障队伍，他们默默支撑着北斗系统的稳定运行。

有一次，电源队队长给队员做培训，他一再强调，那个红色的大按钮是北斗系统的总开关，不是极其特殊的情况，没接到特别指令，绝不可以按下这个按钮。为了强调这个按钮的重要性，他把手放在了红色按钮上，边说边示范，越说越激动，结果一下子按下了北斗地面系统总开关，导致全系统断电。

电源示意图

这个事故提醒我们，在做系统设计时，哪怕是和导航业务无关的电源系统，也是北斗系统的重要组成部分，要有安全控制，要设计周全；同时也提醒大系统管理，所有操控都要规范，北斗每一个岗位都一样重要。这个事故今天听起来像个不可思议的笑话，但在北斗成长历程中却真实发生过。

北斗听起来很神奇，也很“高大上”，但每一个北斗人都是那么真实、接地气，会不眠不休搞科研，会懵懵懂懂犯错误，会不顾得失牺牲小我，这就是北斗和北斗人。北斗走到今天不容易，我只是讲述了发生在我身边的一些事情，这样的“小故事”和“小事故”还有很多。今天，我们享受着北斗的守护，感慨于北斗走向国际的自豪，但我们也不会忘记北斗人曾经为之默默地付出。

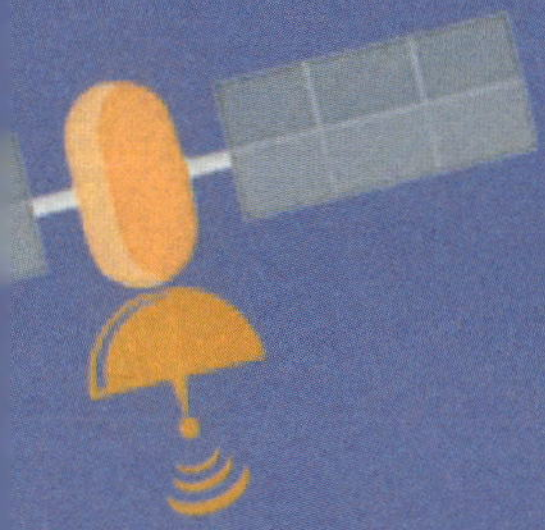

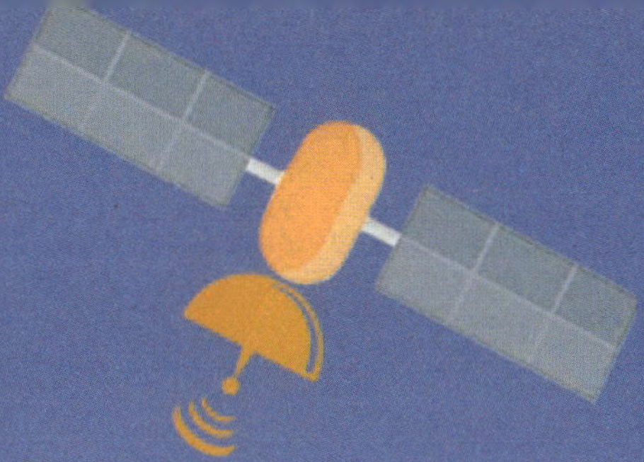

6

北斗系统的神奇妙用

2008年，汶川地震发生后，灾区第一个求救信号是北斗短报文终端发出来的，有关救援部门收到信息后迅速联动，社会救援力量向汶川聚集，于是人们初步认识了北斗。如今，北斗车道级导航时刻陪伴着人们的日常出行，人们对北斗虽然不再陌生，但还是会有很多疑问：北斗除了用于应急救援和出行导航，还能用在哪些方面呢？

手机里的北斗应用

“李总，会议马上开始了，您走到哪儿了？还要多长时间能到？”

“导航显示还有 5 分钟……”

北斗走进手机，是离人们最近的北斗应用。

手机里的导航应用

在没有电子地图和智能手机时，人们出行之前需要查看一下纸质地图，计划好行走路线，用纸张或者用脑子记住沿途的地标，如果走得很远，要随身带一本纸质地图。沿着计划路线行走过程中，要时刻关注路标，确保自己走对路线。自从有了电子地图，人们出行不用提前做路途规划，带上手机，抬腿就走，想去哪儿就去哪儿，这就是手机导航给人们出行带来的便利。常见的电子地图服务有高德地图和百度地图，可以通过手机下载服务软件。表面上看，手机导航是由电子地图实现的，其实电子地图只能给出目的

手机导航路线规划示意图

地和路线规划，你现在在哪里，这个实时的位置是由北斗系统给出的。电子地图和北斗导航配合起来，才能实现手机导航。

手机导航的工作原理

一项伟大的发明往往都是从简单设想和实践开始的，导航的发展历程也一样。为方便大家理解手机导航的工作原理，我给大家举个例子。

在外出旅游期间，你早上起床后接到妈妈的一条指令，到你们临时租住的院子东边的小河上的古桥边取一辆自行车。虽然你对周边环境并不熟悉，但这种情况下你也能轻松完成这项任务。因为早上太阳升起的方向是东边，朝着太阳升起的方向往前走，你会遇到一条小河，然后找到古桥，把自行车取回家，于是任务就完成了。

在这个例子中，太阳指引着我们向东走，叫天文导航。天文导航以太阳、月球、行星、恒星等自然天体作为导航信标，来确定测量点的地理位置和方位，进而寻找目标点。小河、古桥是参照物，叫地标导航。地标导航以山峰、河流、树木和岩石等自然地标作为导航信标，来确定测量点的地理位置和方位，进而寻找目标点。将天文导航和地标导航两种方式结合起来用，就能很轻松地寻找到目标点。

手机导航和这个例子类似，相当于地标导航和天文导航的结合。只不过北斗系统不是真正意义上的天文导航，北斗卫星是人造卫星，代替了自然天体，起到的作用和天文导航类似，但北斗卫星比自然天体定位功能更强大。电子地图是电子化的自然坐标，代替了自然地标，电子地标比自然地标使用起来更便捷。北斗系统提供的用户位置时刻“行走”在电子地图上，就实现了手机导航。

手机里的北斗是怎么工作的

电子地图把生活中的道路、房屋、河流等地理坐标都直观地展现在地图上，人们仿佛进入了一个虚拟的电子世界。手机中的北斗是如何实现让人如同置身于电子世界中的呢？

手机中北斗芯片给出的位置信息其实是一串数字，表示当前位置所在的地理坐标，比如北京的地理坐标是北纬 39°56'、东经 116°20'。这样的一串数字很难被用户直接使用，只有把这个地理坐标叠加到电子地图并直观地展现出来，才能更加方便地为人们提供导航服务。

电子地图上的房屋、道路、桥梁等都有一个地理坐标，从这一点上看，北斗给出的用户地理坐标和电子地图上这些物体的地理坐标没有区别，都是类似的一串数字。电子地图里这些物体的地理坐标是固定不变的，手机握在人的手里或者放在车里，它的位置是移动的，所以看起来像是人在地图上行走。

人们在生活中使用的电子地图有两种形态，一种是离线电子地图。在 2G 通信时代，无线通信支撑能力比较弱，智能手机没有大规模普及，人们使用的就是离线电子地图，一般通过车载导航仪实现。现在到无人区或没有通信保障的区域，人们依然会使用离线电子地图。离线，就是离开网络的意思，使用离线电子地图需要提前把电子地图装载到手机或者电脑等设备里。

随着社会不断发展，新的道路、新的建筑物不断涌现，地理标识不断更新，电子地图为了展现真实的地标情况，需要定期对电子地图进行更新升级。最初电子地图服务商会收取一定升级费用，但很麻烦的是，用户需要定期去服务商那里重新下载新的地图软件。随着现代信息技术发展，4G、5G等无线通信带宽支撑能力不断增强，智能手机处理能力不断提升，出现了比离线电子地图更加高级的线上电子地图服务。线上电子地图服务必须有无线网络的支撑。现在人们日常生活中经常使用的百度地图或者高德地图就是线上电子地图。虽然人们感觉自己使用的是手机上的电子地图，但实际上手机电子地图只是服务展现，真正的地图服务在电子地图服务商的计算机里。服务商的计算机放在他们的机房里，通过无线通信网络和手机连接。因为服务商的计算机和手机不在一起，仿佛在云端，所以也叫“云服务”。在使用手机导航时，手机把北斗给出的位置信息通过无线通信网络传送给服务商的“云”计算机，“云”计算机把位置叠加到云电子地图上，手机里的电子地图再把结果展示给用户。用户的位置都在“云”计算机里，“云”计算机不仅可以看到你的位置，还能看到你周边人的位置，所以基于“云”的电子地图服务不仅能告诉你走到哪里了，还能告诉你哪里堵车，哪里畅通，这是线上导航服务很重要的优点。

电子地图服务商定期对地标更新，用户不用再操心更新地图的事儿了。现在手机导航服务都是免费的，使用起来非常便利。

如何获取手机导航服务

手机导航服务是通过电子地图软件和手机里的北斗芯片配合实现的。首先，电子地图软件可以从手机商城中下载，也可以通过其他平台下载。其次，手机要具备北斗定位能力，也就是要装有北斗芯片。再次，电子地图服务软件要能够从手机中提取北斗定位信息。为了保护用户隐私，打开电子地图软件时，它会询问你是否接受位置信息共

手机导航

享。如果你不同意，它将关闭服务。要想获得电子地图的导航服务，就必须同意把个人位置信息共享给电子地图服务商，这也是免费使用电子地图的代价。如果你特别在意个人隐私，不希望别人了解你的实时位置信息，那么就只能使用离线电子地图或纸质版地图了。

?问问科学家

问：有北斗导航软件吗？

答：北斗系统给出的位置信息是一串数据（用户位置信息），不是直接展现给用户的导航服务。导航体验好不好主要取决于两个指标：一是电子地图服务能力，比如地标是否齐全，地标更新是否及时，导航反应快不快等；二是北斗定位精度，精度越高，导航效果越好。有些人为吸引眼球，曾经提出过北斗导航软件，但市面上并没有看到有强大电子地图服务能力的北斗导航软件。

问："免费"电子地图服务商是如何生存的？

答：电子地图为维持地图数据更新，需要有人不断采集补充新的地理坐标数据，会消耗大量人力、物力，电子地图免费提供服务，服务商靠什么生存呢？

电子地图"免费"服务是一种商业模式。天下没有免费的午餐，你得到免费电子地图服务的时候，贡献了个人位置。电子地图服务商和饭店、景点、加油站、超市等商户签订服务协议，我帮你吸引用户，如果用户产生消费，你给我收入分成。它把商户地理坐标、电话等装进电子地图，用户提供个人位置，用户使用电子地图时能够看见附近有哪些商户，比如想订附近的酒店，就可以从电子地图软件上下单。用户出行越来越依赖电子地图，不断产生依托电子地图的商业消费，电子地图服务商从消费中获利。

北斗短报文通信手机

随着自媒体的传播，新疆旅游越来越火，一首网红歌曲《新疆大大大》扰动了很多人的心，也让我的心痒痒的。就在我这本科普书即将完稿之际，正好赶上2024年中秋节，我决定利用几天年假，连着中秋节，抽空和爱人到新疆自驾游，开车走一走凶险又神奇的独库公路，亲身感受到处是戈壁、遍地是牛羊的松弛感……一场说走就走的"新疆自驾游"就这样启动了。

长期从事航天技术，我对地面公网通信的覆盖情况还是比较了解的，在广袤的新疆大地上自驾行，卫星应急通信是必不可少的保障手段。不怕一万，就怕万一，我们必须准备一台具有卫星能力的通信装备。正巧赶上我爱人生日，于是我购置了一款具有北斗短报文通信功能的手机，作为生日礼物送给爱人，同时解决了新疆旅游的应急通信问题，一举两得。

北斗短报文功能进入手机，要解决的关键问题是小型化。北斗建设之初，一台用户终端有十来斤重，如今要“塞进”手机，这要感谢集成电路技术的发展，也要感谢北斗工程师们的智慧。做北斗这么多年，我从来不敢想象，北斗短报文能走进手机！

有了北斗短报文进手机的先例，北斗进汽车似乎变得轻松自然。不过，汽车电子设备都在车内，北斗天线要伸出车外，因此，北斗短报文产品与汽车的共形设计是要解决的重要问题，另外还要解决北斗卫星通信与车载其他通信功能的电磁兼容问题。最近我和团队正在研究把北斗短报文通信功能规模化引进汽车行业，目前这项工作正在稳步推进。我相信，在北斗短报文通信技术的加持下，人们出行更安心，也将带动基于北斗短报文通信的北斗应急救助、北斗赛事保障等衍生服务的出现。

问问科学家

问：手机都有北斗功能了，汽车还有必要用北斗短报文通信吗？

答：在极端情况下，车辆发生事故时车上的人员可能因为已经没有意识或者重伤、压迫等原因无法拨打手机求救，车载智能装备可以根据北斗终端提供的“速度突然为零”信息，判断车辆可能碰撞或者紧急制动，再结合安装在车辆上的姿态型惯性传感器，可综合判断车辆是否发生侧翻或剧烈运动。如果地面网络信号不通，就可以通过北斗短报文通信自动发出事故预警信息。所以，即便是车主手机有卫星通信功能，车辆卫星通信功能也是必要的。相对于车辆几万、几十万的价格，一颗北斗短报文通信芯片不会给车主增加太多经济负担，却在关键时刻可以救命，我们期待这个功能永远都用不上，但拥有它还是非常必要的。

北斗授时手表

手表的变迁史是一部融合了艺术、科学与技术变迁的传承史。最初手表不仅具有精确计时功能，还因为稀缺成为贵族及上流社会人士彰显身份地位的配饰。20 世纪 70 年代，我国的上海牌手表要凭票购买，拥有一块上海牌手表成为很多中国人的梦想。20 世纪后期，随着手表技术的重大突破，尤其是石英表的出现，引领了腕表行业的电子化革命，普通手表变得非常普及，甚至几元钱就可以买到一块电子手表。智能手机的发展再次带来手表革命，手表计时功能被手机替代，虽然部分高端手表依然扮演着配饰作用，但手表的计时作用变得越来越弱了。

北斗授时手表诞生于这个特殊的历史时期，如果没有点特殊本领，谁又会去买一款手表呢？北斗手表的时间来自太空的北斗卫星，它的时间准确到 20 纳秒，这个准确度对于普通人来说似乎用不上啊！前面我已经说了，这个时期的手表，在日常生活中，计时肯定不是它的主要功能，如同劳力士，更多的是配饰用途。北斗手表一出场，受到很多人的关注，我相信想要一款北斗手表的人也一样是追求时尚的先锋。

但如果只是为了满足时尚需求，恐怕国家就不用花费这么大周折把北斗卫星送上天了，其实北斗授时手表在特殊群体中还是非常有实际意义的。大家可以想象一场战争，在荒无人烟的战场，战士们提前规划好下午5点集中发射火力，万一哪个人提前发射，就暴露了整体作战计划。因此，统一时间对有些情景是非常重要的。一场战争可能持续几个月，甚至几年，普通手表无法对时，要是有一款北斗手表，你就不用担心时间不准确了。我们期待战争永远都不要发生，一旦发生，就为我们的热血战士都配一款北斗手表吧，让它为战士记住回家的时间和回家的路！

问问科学家

问：能用北斗打电话吗？

答：北斗系统的主要功能是导航定位和授时，虽然可以提供卫星短报文通信，但北斗系统用于通信的带宽非常小，不足以传输语音信息，所以北斗不直接提供语音电话服务。社会上有企业通过软件把语音转换成北斗短报文，变相提供北斗语音电话服务，但这是不被北斗管理部门所提倡的，北斗系统是我国独立自主的卫星服务系统，卫星带宽资源非常宝贵，应该把有限的资源用在最重要的地方。

交通领域的北斗应用

我有 14 年交通行业北斗产业化应用工作经历，对北斗在交通行业的应用情况比较熟悉。本章重点介绍交通领域北斗应用的部分典型场景。

北斗协助降低交通事故发生率

2009 年，公安部交管局公布全国道路交通事故，其中营运车辆肇事导致一次死亡 10 人以上特大道路交通事故中，8 起为驾驶人超速行驶导致，占 42.1%。

北斗可以测量车辆行驶速度，提醒司机不要超速驾驶。

为了约束司机驾驶行为，国家出台了《中华人民共和国道路交通安全法实施条例》和《中华人民共和国道路运输条例》，规定机动车驾驶人员不得超速行驶，连续驾驶机动车超过 4 小时应该停车休息，停车休息时间不少于 20 分钟等。车辆驾驶员虽然经过安全教育都明白应该规范开车，但还是有人心存侥幸，超速、疲劳违规驾驶行为时有发生。车辆跑在全国各地，如何通过技术手段加强运输过程的安全管理，成为令管理部门头疼的事儿，卫星导航技术的出现，恰恰解决了这一难题。

车辆安装北斗终端后，车载终端会自动将车辆位置、速度信息实时传送给行业管理部门，如果出现超速行驶现象，车载终端会喊话播报“您已超速，请降低车速”。如果车辆连续 4 小时速度不为 0，说明车辆有行驶速度，有行驶速度就意味着车还在“跑”，此时车载终端会喊话“您已疲劳，请停车休息”。同时后台的企业管理人员和行业管理平台也会收到超速或疲劳驾驶的提醒，通过管理干预，促使司机养成良好的驾驶习惯，从而降低事故的发生率。

2010 年，为保障上海世博会道路运输安全，世博会安全保障工作组提出进入上海市的危化品运输车辆必须提前报备，并且要拿到临时许可证后才可以进入上海市区。安全保障工作开始后，工作组通过车联网平台发现，大量危化品运输车辆在等待领取许可证期间，出现了车辆临时聚集现象。危化品车辆聚集本身就是一种危险情形，一旦某台车辆出现爆炸或泄漏事故，会造成非常严重的次生灾害。于是管理部门紧急疏散车辆，提高管理效率，以避免次生灾害发生，北斗车联网平台此时发挥了重要的安全保障作用。车辆进入上海市之后，因为有了北斗在太空的守候，车辆走到哪里都变得“看得见”，道路运输安全管理上了一个新台阶。

2012 年，北斗二号系统组网完成并开通服务，依托北斗二号系统示范工程，交通行业进一步扩大北斗使用范围，把 12 吨以上的重载普通货运车辆和半挂牵引车纳入了车联网管理。在北斗示范工程的带动下，2014 年，交通运输部、公安部、国家安全生产监督管理总局（现应急管理部）联合发布《道路运输车辆动态监督管理办法》，规定旅游客车、包车客车、三类以上班线客车、危险货物运输车辆、12 吨及以上重型载货汽车和半挂牵引车应当安装符合标准的卫星定位装置，并分别接入相应的管理平台，实现对上述车辆的动态监管。

在车联网运行初期，有些司机为了逃避监管，上高速公路后把北斗终端关闭，也因此发生过行车事故。为了避免这种情况的发生，管理部门通过平台数据分析车辆行驶状态，司机虽然暂时关闭了车载终端，但是车辆走过的路程应该是连续的，车辆不会“飞”过去而不留“痕迹”，要么路程衔接不上，要么时间衔接不上，假的就是假的，总会有破绽。后来司机们也明白了这个道理，都把速度降下来，不在高速公路上飙速度，其实这也是对司机的一种保护，一旦发生事故，可能就会倾家荡产。确保行车安全，对个人、对社会都是有好处的。从北斗技术管理到司机安全驾驶思想的转变，北斗极大地促进了行业的安全服务水平。

除了车联网，北斗在船、飞机、火车等运载工具上的联网应用类似，都是借助北斗定位和测速功能，把位置数据传送到北斗平台上，通过平台实现“看得见、摸得着”的管理和应用。

北斗用于农村车辆油价补贴

在某一农村客运休息区，两位司机热火朝天地讨论着农村客运油价补贴的好消息。

老　张：老李，听说了吗，政府开始给咱们农村客运车辆补贴油价了！

老　李：还有这好事啊，怎么个补法呀？

老　张：听说按照行车里程和燃油消耗量补，跑得越多，补得越多。

老　李：这还挺合理的嘛！可是政府怎么知道谁跑得多、谁跑得少呢？政府的人不可能天天跟着车辆到处跑啊！

老　张：是啊，开始我也想不明白，后来听别人说，咱们车上安装的北斗终端能知道，它通过实时记录车辆的位置，把一个一个位置累积起来，就能计算出车辆行驶里程。

老　李：北斗真神奇啊，它挂在天上，连这个活儿也能干啊！

农村道路客运是中国式现代化进程中的民生大事，关系着宜居宜业和美乡村建设，关系着城乡交通一体化的普遍实现，是人民群众提升幸福感、获得感的热点领域。可是农村人流量小，司机出一趟车可能连油钱都赚不回来，必须有国家出手才能实现农村客运的良好发展。

2008年，财政部和交通运输部联合推出油价补贴政策，要求根据车辆的行驶总里程和总燃油消耗量确定补贴额度。特别是2021年交通

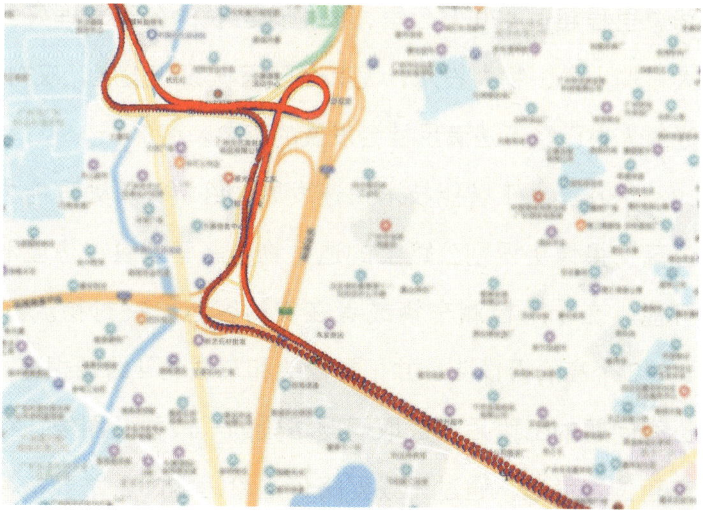

按实际行驶里程进行油价补贴示意图

运输部等部门出台的《关于推动农村客运高质量发展的指导意见》，有力地推动了农村客运由“开得通、走得了”向“留得住、通得好”转变。2024 年，交通运输部办公厅印发《农村道路客运运营服务指南（试行）》，进一步明确要求各地交通运输主管部门建立健全农村道路客运运营补贴补偿制度，将农村道路客运补贴资金足额用于支持农村道路客运发展。

北斗作为一种有效的技术手段，在农村车辆油价补贴中发挥了重要作用。北斗不仅用于农村客运油价补贴，北斗的行驶里程记录功能还可以作为司机发放工资的依据，北斗里程的准确度直接影响了司机的收入。比如在车辆过桥时，车辆的行驶里程要严格按照桥梁曲线记录。

北斗用于公路养护

截至 2023 年底，中国的公路总里程达到 544 万公里，其中农村公路总里程超过 470 万公里，要把这么长的公路管理好、养护好，需要大量的人力、物力投入，尤其是随着城镇化发展，农村人口越来越少，光靠人力已经无法满足社会发展的需要。

这几年人工智能技术快速发展，终端计算处理能力不断提升，通过高清摄像头识别公路上的遗撒物、路基裂纹、边坡滑坡等情况成为可能。在专用检测车辆或者在农村客运、农村物流等车辆前边安装 1 ~ 2 个高清摄像头，并把摄像头和车载北斗终端相连，车载终端识别出有问题的路段后，截取问题路段的一段视频图像，结合北斗提供的车辆位置信息，通过无线网络传送给远端的公路养护监测平台，养护

公路常见坑洞、裂痕等损伤

人员通过位置信息可以精准找到出现问题的公路路段位置，通过视频影像可以识别出问题的具体情况，从而降低人工巡查的工作量，不仅降低了养护成本，还提高了养护巡查的实时性。

除了利用车辆进行智能化养护巡查，还可以通过北斗对公路养护人员进行工作日志管理。公路养护人员养护里程多少，养护频次如何，有没有按规定按时到达指定的养护点等，都和北斗位置和北斗里程有关。

北斗用于道路安全预警

“张总，您快看，有一辆危化品运输车出事故了。”高速公路监控大厅的屏幕上，突然跳出一辆危化品运输车的影像。安全监控员小李一边给领导汇报，一边查看屏幕影像。这是北斗用于公路管理的典型场景之一。

由于高速公路封闭管理，事故救援不方便，尤其危化品运输车辆，一旦发生交通事故，产生次生灾害的后果比较严重，所以高速公路管理部门对危化品运输车辆特别关注。有了危化品车辆的北斗定位数据之后，就可以结合路网视频数据进行联合监测，尽量减少因为事故造成的损失。

一辆危化品运输车辆在高速公路速度突然为 0，有两种可能情况，一种是堵车造成的紧急刹车，一种是事故造成的突然停驶。高速公路上基本每 2 千米就有一个摄像头，基于车辆的位置，结合车辆附近的摄像头获取的影像信息，通过大数据分析，如果所有车辆都不动，说明是堵车造成的，这种情况不用特别处置；如果只有这辆车停驶，其他车辆正常行驶，说明车辆出现了事故，需要紧急处置。假如危化品车辆进入隧道，正常情况下应该很快驶出隧道，如果长时间没有驶出，也会启动隧道内的视频预警，分析是否发生事故，一旦发生事故，就要及时提醒附近的车辆谨慎驶入隧道，避免造成隧道阻塞给救援带来困难。

北斗在普通公路上的车辆事故预警应用效果类似，在遇到前边车辆

道路安全预警
保障行驶安全

紧急刹车时，可以提醒附近车辆“前方车辆紧急刹车”或者“前方多车紧急刹车”，这种情况下为后车及时关注路况提供了非常好的预警。

北斗用于共享单车服务

共享单车是现代社会共享经济发展的产物，是交通运输的一种新业态。在共享单车服务出现之初，社会力量蜂拥而入，给人们出行带来了极大便利。可是事情总有两面性，共享单车给人们带来便捷的同时，也给城市管理带来了烦恼。服务商为了抢占地盘，曾经出现无序投放车辆的现象，个别用户在没有管理约束的情况下随意丢弃车辆，造成社会资源的极大浪费。

为了规范管理，城市相关部门出台政策，要求共享单车按照规定区域投放车辆。这项工作并没有给共享单车服务商增加负担，因为共享单车在出厂前就已经安装了北斗终端，用于记录用户的用车里程，作为用车费用结算的依据。只需要共享单车服务软件增加一项管理功能，提醒用户在还车时把单车停放在规定的区域内，并根据用户的当前位置，通过“电子围栏”功能，寻找附近的停车区域，引导用户把单车停进指定的“小格子”里。

电子围栏管控下有序停放共享单车

如果你不按要求停放，将受到软件给你的经济处罚。当然处罚不是目的，主要是引导人们文明使用共享单车，维护和促进共享经济的健康持续发展。

北斗用于基础设施位移监测

“逢山开路，遇水架桥”，既是我国交通行业工程建设的真实写照，也是一不怕苦、二不怕死，顽强拼搏、甘当路石，军民一家、民族团结，“两路”精神的精辟总结。在“两路”精神的指引下，我国高速公路总里程居世界第一，形成了四通八达的交通公路网。有些公路蜿蜒曲折地爬行在大山里，边坡险峻，遇到雨水天气容易出现边坡滑坡现象，路网状态监测和养护都比较难。

随着北斗技术的发展，尤其是高精度北斗测量技术的应用，毫米级的测量精度为高速公路养护带来了福音。把高精度北斗测量设备安放在公路边坡上，边坡土石出现移动时北斗测量设备也将随之移动，通过北斗测量设备的移动变化来预测边坡土石的变化。

北斗测量设备所在的位置数据已经提前标定好并存放于远程的监测平台上，北斗给出的位置数据通过无线通信网络实时传送给监测平台，监测平台将北斗提供的位置数据与已知的位置数据做比对，如果两个数据基本相同（在允许的误差范围内），说明公路边坡状态正常；如果位置发生变化比较小，但在持续增大，那么可初步判断即将发生滑坡；如果位置变化突然较大，那么可初步判断已经发生滑坡。北斗不仅用于高速公路边坡监测，还可用于桥梁、水坝等基础设施位置移动监测。

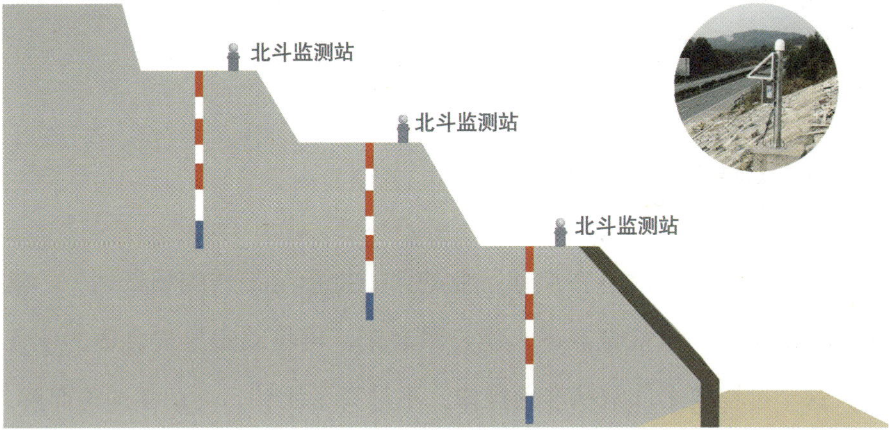

边坡监测示意图

北斗用于网约车和网络货运

网约车如今已经成为人们常见的出行方式之一，是交通运输的一种新业态。网约车能够提供服务，最根本的前提是知道车辆和用户的实时位置，人和车辆都能在网约车服务软件上看到对方，这样才能达成一次服务。我们下载网约车软件时会看到“是否同意使用位置数据”的选项，如果你选择“不允许”，那么网约车软件将无法为你提供服务。如果你选择“允许”，那么网约车软件就会自动从你的手机中获取你的实时位置信息。网约车服务车辆司机也一样，只有同意使用位置数据的情况下才能提供网约车服务。你和车辆司机在北斗的指引下“双向奔赴”，就实现了一次“网约车”服务。

如果你比较在意个人位置隐私，也可以选择“只在使用软件时允许使用位置数据”或者“仅有本次服务时允许使用位置数据”，这样在网约车服务结束后，网约车软件会自动停止获取你的位置信息。

网络货运和网约车服务类似，网约车是对人的在线出行服务，网络货运是对货物的在线运输服务。

北斗用于集装箱吊装

集装箱吊装是北斗在交通行业的第一批示范工程的场景之一。集装箱又沉又大，只能依靠吊车把它吊起来，再移动安放在合适的位置上，这个过程要求非常精准地操作。不过有了北斗，一切都迎刃而解。在吊装车附近安装一套北斗增强设备，吊装车就可以获得测量精度在几厘米的定位服务。如果吊装位置比较固定，甚至可以把北斗指引吊装集装箱这个动作设计成计算机程序，实现自动化吊装，这也是港口无人化管理的一大进步。

北斗在其他领域的应用

北斗用于地震救援

2008 年 5 月 12 日 14 时 28 分 4 秒，四川省阿坝藏族羌族自治州汶川县突发 8.0 级地震。震区地面通信基站及光缆通信网络遭到毁灭性破坏，灾区无法与外界取得联系，仿佛世界一下子沉默了，灾区情况怎么样，外界无人知晓。“72 小时黄金抢救时间”——时间就是生命，救灾指挥部马上调集救援力量准备赶赴灾区。现在摆在眼前的困难是如何与外界联络。

汶川地震了，全国人民马上行动起来，展开了各种救援活动，北斗救援小分队作为先进技术代表，也马上加入救援队伍。救援小分队带着北斗设备进去后，利用北斗定位和短报文功能，第一时间将受灾最严重的位置信息和地震破坏情况等传递出来，北斗卫星信号成了联络地震灾区和外界的生命救助线。2008 年 5 月 13 日至 6 月 12 日，北斗系统累计为汶川地震灾区提供卫星定位服务 164 万余次，短信服务 74 万余次。

北斗用于森林防火

北斗怎么用于森林防火呢？

北斗机器人穿上防火服，带着测温仪，深入森林腹地，探测火情。探测完成后，在北斗导航的指引下，原路返回，不至于葬身火海。

没错，这是你可以想象的北斗用于森林防火的一个场景。其实，北斗用于森林防火的场景还有很多。早在北斗一号系统建成初期，就已经用于森林防火了。

水火无情，1998 年大兴安岭那场大火，引发了人们对防火工作的思考。尤其是原始森林，面积大，通信信号覆盖不全，可走的救火路线少，及时掌握火情就是最大难题。在北斗一号系统投入使用初期，很典型的一个应用就是火情监测。装有北斗设备的飞机绕着火场周边

北斗用于森林防火

飞，飞机走过的轨迹形成的图案，可以算出着火面积，飞机带的摄像头还可以记录火势大小，记录周边的建筑物等，为救援提供方案参考。在大火过后，飞机沿着火烧过的区域边界飞行，通过飞行轨迹计算过火面积，为灾后重建做准备。

随着现代技术发展，现在的救援更加智能化。北斗用于救援无人机路径指引，无人机在起火位置自动投放消防弹，然后自动返回机巢充电。北斗用于消防员日常巡检管理，甚至北斗手表还集成了心率、血压等生物监测技术，一旦消防人员出现身体异常，可一键求救，管理平台会根据一键求救发出的位置信息迅速定位消防员所在的位置，快速实施救援。

北斗用于渔船出海通信

小　刘：老公，今天天气不太好，你出海打鱼，我还是有些不放心。

小　王：老婆，现在不像以前，出去很长时间联系不上，这次我带了北斗手机，争取每天给家里报个平安，你就放一百个心吧。

小　刘：我知道开车时能用北斗导航，北斗在海上怎么用呢？

小　王：我买手机的时候听人介绍，北斗不仅能导航，还能通过卫星发短信，人在大海、沙漠里都不怕，只要能见天，就能用北斗。我还加入了一个救援组织，手机上有个一键求救按钮，遇到困难时我就按一下，求救信号会自动发送到救援组织。放心吧！

……

北斗用于渔船出海通信

渔船出海，最怕的是遇到风浪或者恶劣天气，具有定位和短报文通信功能的北斗系统，织就了一张庞大的海上救助“安全网”，当渔民出海遇到险境时，可以将船舶位置信息、航行状态等数据，实时上传至陆上的北斗应急服务平台或者点对点发给家人。即便没有遇到紧急情况，也可以通过北斗短报文通信向家人报平安，进行日常联络。

北斗用于加油站布设

建加油站就像开饭店，饭店要开在人流量大的地方，加油站就要开在车流量大的地方。怎么才知道哪些地方车流量大呢？派人站马路上统计，一个、两个……这个方法太老土了吧？全国这么多条路，怎么统计得过来啊！

别急，让北斗来帮你统计，大客车和大货车是“喝油大户”，那就看看它们经常去哪里。想了解它们经常去哪里，那就得“有迹可循”，它们的“迹”就是北斗记录下来的行车轨迹，这个轨迹在北斗车联网上就能查到。每辆车的实时位置在地图上就是一个点，所有车的点位铺在地图上构成一个面，车多的地方点位稠密，车少的地方点位稀疏，一目了然。点位特别稠密的地方被称为“运输大通道”，这就是应该重点布设加油站的地方。科学布设加油站，既满足了车辆及时加油的需要，又避免了盲目布设带来的资源浪费。

同样的数据还可用于预测路况拥堵、指导路网建设规划、布设车辆维修站等，和车辆有关的服务，都可以和车辆大数据结合起来，这也足以说明数据的价值是无限的，需要不断想象和挖掘。

北斗用于人和动物跟踪

随着北斗的广泛应用，北斗芯片进入大众消费领域，比如老人的防走丢手环、孩子的定位跟踪型手表等。老人和孩子的智能型穿戴设备通过公网通信将实时位置共享给家人，在超出设定的活动区域进行自动

北斗用于珍稀动物跟踪

报警。

类似的功能也被用于动物追踪，比如北斗耳钉被用于掌握珍稀动物的活动特征、草原人民对家养牲畜的自动放养等。这正如前文所说，北斗可以用于重要物资管理或者物资运输过程跟踪，实时了解物资位置、物资状态等信息。

北斗用于智慧农业

北斗可用于智慧农业中的自动播种和自动灌溉。正常情况下，北斗定位精度在 10 米左右，而自动播种机要求定位精度优于 5 厘米，这样才能确保土垄笔直。无人机也需要精准进入庄稼地才能自动播撒农药或灌溉，这种情况下需要在附近架设一台北斗地基增强站，把北斗定位精度提高到 5 厘米左右。

北斗用于智慧农业

北斗在农业领域还有一种应用，叫智慧认养。用户根据自己喜好，认养一块田地，如果工作繁忙等原因无法经常亲自来到田地观察庄稼长势，就可以通过无人机带个摄像头定期巡查。无人机飞行过程中通过北斗自动记录巡查轨迹，并通过远程无线通信将位置轨迹和庄稼的视频实时传送给用户。如果需要对土壤情况进行监测，还可以在田地里安放一些监测传感器，把基于位置的监测数据传送给用户。类似的基于北斗视频巡查应用，还被广泛应用于智慧园区、智慧校园等智慧安防场景。

北斗用于南气北运

2018 年春节前，天气异常寒冷，由于进口天然气供应不足，河北、北京等地区出现天然气供应不足的情况。天然气是人们的生活必需品，取暖、做饭、洗澡都可能用到，尤其是北方冬天，很多家庭依靠天然气取暖，所以必须保证天然气供应充足。当时，我国天然气总体供应量是够的，只是不太均衡，南方有多余的天然气，北方又不够用，只要把南方多余的天然气运到北方就能够解决问题。

当时能够运输天然气的车都用上了，还是不够用。作为液化天然气的最大供应商——中国海洋石油集团有限公司提出用船舶运输天然气，并创新地提出用罐式集装箱装载天然气。用船运输天然气在国内还是第一次，为保障运输安全，给每个集装箱都安装了北斗，船舶位置以及集装箱内的天然气温度、液位、气压等被实时传送到岸上的监控平台。

运输过程的监控问题解决了，新难题又出现了。因为是首次通过船舶运输天然气，天然气属于危险化学品，它的存放有非常严格的规定，卸货的港口码头没有政策允许不敢接货，这可怎么办？这时候，北斗车联网平台就派上了用场。在船舶即将靠岸的时候，人们通过北斗车联网平台提前预约集装箱运输车辆，直接将装有液化天然气的集装箱吊装到车上，车辆将集装箱运输到需要的用户手中，既提高了运输效率，又解决了化学品存放的问题。

北斗通过导航定位功能实现不同运输方式之间的位置衔接，另外，还通过北斗短报文通信功能将海上运输时的实时监控数据传送到岸上。从水运到陆运，这是北斗用于多种方式联合运输的典型应用场景。

北斗用于金融时间同步

股票大涨，人们盯着开盘时间，买、卖、买……

网络银行上，一笔一笔款项在快速交易……

证券、银行、保险、财政、期货等现代金融行业每天需要以闪电般的速度处理海量交易，如何确保每秒成千上万的交易不出差错呢？精准的电子交易凭证是确保交易有据可查的依据，并且电子交易凭证要具有唯一性、确定性和不可篡改性。要确保这些特性，很重要的一点是时间同步，也就是大家要在一个时间维度内，才能互相信任。精准的时间印记（可信时间戳）是提供安全、可靠、有效的技术保障，时间同步精度甚至要求达到纳秒量级，而这一点正好是北斗授时的长项。

北斗用于电力频率同步

“哇，不好了，出现了大面积停电，赶紧查查是什么原因……”

这是我国电力行业发生过的一次真实事件，后来发现是卫星授时系统故障导致的。电力系统通过电力信号频率的稳定度了解电压的稳定度。为了给用户提供稳定的电力服务，当电压稳定度超出一定范围时，电力系统就会自动切断供电。在这次事件之后，电力行业加强了卫星时频系统的冗余设计，尤其是把北斗系统作为主要的时间同步技术手段，确保电力系统的稳定运行。

北斗用于电力频率同步

北斗用于公网通信时间同步

公网通信系统是依靠部署在地面的通信基站转发数据的，不同基站之间的数据转发是通过数据包传送实现的，就好比两个人在传递包裹，送包裹的和接包裹的要约定好同一时间。

甲：喂，你去哪儿了？不是约好 14:00 我给你送过来吗？
乙：我刚离开啊，这都 14:10 了，你怎么才来？
甲：我手表显示正好 14:00，我没有迟到啊。
乙：我手表显示已经 14:10 了。
……

公网通信基站

这个例子中，两块手表时间基准不统一导致互相错过了传递包裹的时间，当然这是比较夸张的场景。其实在公网通信系统中，不同基站之间为确保大批量数据传输的可靠性，对时间同步精度要求还是非常高的，甚至精确到纳秒。这么高难度，除了北斗，还有谁既可靠又有这个本事呢？

北斗用于水文监测

我们在生活中经常听到“天文”二字，北斗就属于天文范畴。与天文对应的是地面“水文”，江、河、湖、海、渠等流经广袤的中国大地，水涨潮落，这些都是水文现象。为保护好、利用好水资源，需要对水位、流量、流速、降雨（雪）、蒸发、泥沙、冰凌、墒情、水质等自然现象进行监测，也需要对人类活动对水文的影响情况进行监测。北斗的定位功能可以把水文现象发生地的位置传送回来，在地面网没有覆盖的地区，还能通过北斗短报文把监测数据传送回来。

人体 70% 由水组成，水是生命之源，“不要让世界上最后一滴水变为人类的眼泪”，是人类对水资源保护的呐喊，也是政府部门的职责，更是我们每个人的责任。北斗就是一个天使，守护着地球上宝贵的水资源。

北斗用于水文监测

北斗用于精准投送广告

有一次，我坐公交车去北京延庆办事，当汽车路过居庸关长城的时候，车上的广告屏上突然弹出了关于居庸关长城的介绍。我继续观察，路过八达岭长城时广告屏又跳出了八达岭长城的介绍。我非常好奇，现在连广告都这么智能了吗？车行驶到哪里就弹出哪里的文旅广告。回来后我和做电子屏幕的朋友聊天，才发现北斗早已和电子屏联合起来，基于北斗位置的广告投送早已经不是什么新鲜事儿了。朋友跟我开玩笑说："你做'车联网'，我做'屏联网'，北斗做'万物互联'。"

北斗用于事故调查

在交通运输部工作期间，有一天，我工作单位的门口突然来了一辆警车，来的人和门卫提出要找我。接到门卫电话，我心里就在琢磨，难道团队有人犯错误了？不然怎么警察上门了？我把他们请进办公室。经过交流我了解到，他们是在办理一起交通事故案件，怀疑有一辆大货车肇事逃逸，因为时间紧迫，没有来得及走公对公办事流程就跑到我这里来了。他们想先从技术层面了解一下利用北斗数据配合事故调查的可能性。出事的时间、地点是明确的，利用北斗定位数据可以查询在这个时间、这个地点过往的大货车，再结合现场勘查情况，基本就可以找到嫌疑肇事车辆。其实通过北斗定位数据，不仅可以找到嫌疑肇事车辆，还可以通过行车轨迹，追踪到车辆的去处。我感动于他们认真负责的办案精神，从技术层面和他们深入探讨。他们了解情况后，当天返回事故发生地，对接属地交通管理部门，协同办理了这起案件。

北斗的应用场景还有很多，比如自动驾驶垃圾清扫车、场区巡逻机器人等无人场景，比如正在蓬勃发展的低空经济领域……凡是需要高精度指引的地方，只要跟时间和位置有关，就有北斗的身影。

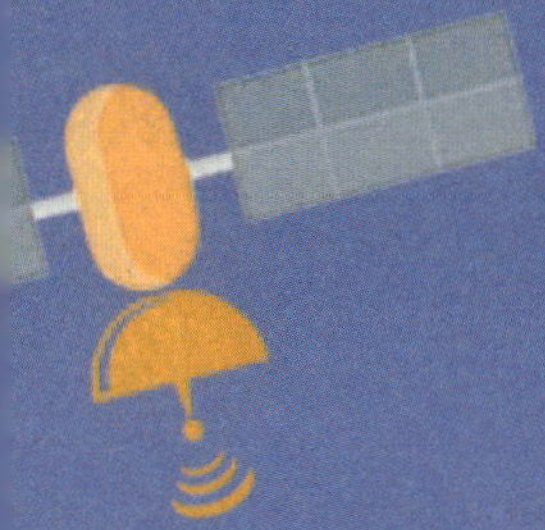

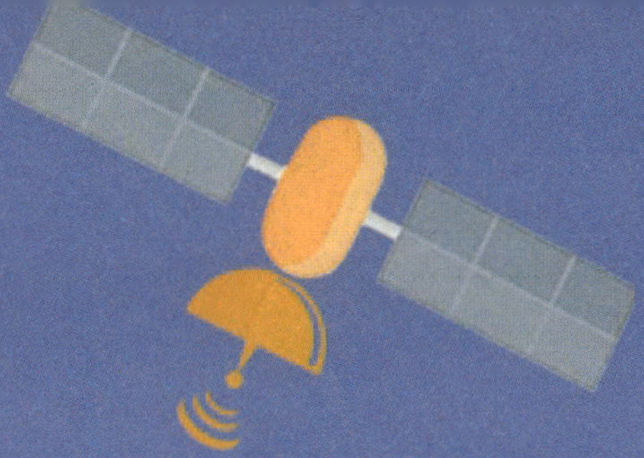

7

如何参与北斗事业

我经常会遇到一些对北斗很感兴趣的人，尤其是即将毕业准备走向工作岗位的学生，他们很想参与到北斗建设中来，甚至有人问我，北斗是哪个单位主导的，如何才能参与？我会跟他们说，北斗系统是属于国家的，任何单位和个人都有机会参与北斗系统建设和应用。参与北斗事业有多种渠道，有官方发布的平台渠道，有与北斗有关的公益性赛事和大型活动，有政府部门组织的北斗科技专项和产业专项等。

与北斗有关的学科专业

如果你对北斗感兴趣，未来想从事这个行业，那么上哪些学校，学习哪些专业知识才有用呢？

说实话，在写这本书之前，我从来没思考过这个问题，想总结提炼的时候，突然发现如果不是特别内行的人，关于跟卫星导航相关的学校和专业，还真是无法脱口而出。为了找到更准确的答案，我打算去查阅资料。我买了两本高考志愿书作为参考：一本是人民日报出版社2018年出版的《高考志愿填报指南》，买这本书主要是考虑《人民日报》的权威性；另一本是2024年出版的《中国高校专业解读》，买这本书主要是考虑信息的时效性。让我感到非常意外的是，这两本资料的一级学科和二级学科中都没有找到卫星导航学科，最相近的是测绘科学与技术、信息与通信工程两个学科。在一些高校中，北斗导航会被归属不同的专业大类，比如北京航空航天大学，把北斗导航归属于信息与通信工程学科，清华大学几个专业都涉及北斗导航，北斗专家有的来自土木工程专业，有的来自电子工程专业。

为什么没有专门的卫星导航学科呢？我认为主要有两方面原因：一是卫星导航涉及专业面非常宽，很难有一个学科将它囊括；二是卫星导航发展历程较短，还没有从理论上积累形成一套完整的学科体系。

即便如此，我还是要介绍一下与北斗卫星导航有关的学科知识，给未来有兴趣进入卫星导航领域的青少年读者一些参考。

大地测量学与测量工程

大地测量学与测量工程是地球科学的一门分支学科，它既是一门测绘科学与技术的基础学科，也是一门工程应用学科，是北斗卫星导航系统涉及的最基础的学科之一。说起大地测量学与测量工程学科，可能有的人会感到陌生，但是说起坐标系，大家基本都用过，坐标系相关知识就属于大地测量学与测量工程学科。初中时我们学过平面直角坐标系，可以表述位置的二维坐标，本书第四章“北斗是怎样工作的”介绍定位原理时就使用过空间直角坐标系知识。

卫星导航定位的基础是时空基准。在时间基准中，格林尼治时间既属于天文学范畴，也和大地测量有关，格林尼治标准时间的正午是指当太阳横穿格林尼治子午线时的时间，而格林尼治子午线就属于大地测量专业领域。在空间基准中，卫星轨道位置的空间基准是地心赤道坐标系，也就是把地心和赤道作为参考，给出卫星轨道在太空中的位置。地球上的人和物位置表述用得比较多的是大地坐标系，大地坐标就是我们经常听到的经度、纬度和高程。北斗系统使用的大地坐标系统是 CGCS2000（中国大地坐标系 2000）。所以，说大地测量与测绘科学是北斗卫星导航系统的最基础学科一点都不为过，北斗专家评选院士时就是被划归为大地测量与测绘科学系列。

北斗系统涉及的知识面比较广，每个人都不可能都学习过。我在大学和研究生期间学习的专业主要是通信工程类，与大地测量有关的知识我几乎一点都不懂，但不懂没有关系，边干边学，在学习中把相关知识再应用到北斗工程建设中去。所以，不要在乎你的专业是不是卫星导航系统的核心专业，只要肯学肯干，都可以参与到北斗工程建设和应用中来。

信息与通信工程

北斗定位信号从地面传送到卫星，从卫星传送到地面，都要用到无线通信知识，所以，信息与通信工程也是北斗系统涉及的重要基础学科之一。信息与通信工程下边的二级学科很多，绝大多数专业知识在北斗系统中都能用上。

以我上学时的专业为例，我当时的专业大类是电子工程，专业小类是遥控遥测。我当时学过的教材《现代通信原理》中的相关知识对我后来参与北斗建设起到非常大的作用。比如，北斗系统采用扩频通信技术，《现代通信原理》对相应技术有所介绍。再比如，卫星导航信号从太空到地面传输过程中会受到各种因素干扰，本应正确传输的信息偶尔会产生错误，这个错误产生的概率在通信技术中叫误码率。北斗系统建设过程中，为了识别这些“小错误”就会用到信息校验技术等，解决这些问题都会用到教材中的相关知识。信息与通信工程专业中的模拟电路和数字电路等电子工程基础课程，在北斗产品实现中也是非常有用的，比如北斗芯片设计就要用到这两类知识。与北斗导航最直接相关的教程是《无线电导航原理》，这是我在北京航空航天大学时学到的对研发北斗最有用的一门课程。

计算机科学与技术

计算机科学是信息技术领域最基础的学科之一，很多领域都会用到。北斗系统在专业大类上属于电子信息工程，所以计算机科学知识用得非常多。北斗地面系统要根据各种测量参数实时计算卫星轨道位置，还要解算各种误差数据，我们日常使用的微型计算机很难胜任这项工作，因此需要大型计算机参与，这就涉及计算机硬件的相关知识。计算机软件技术应用也非常广泛，比如上述计算能力的实现。随着北斗应用技术发展，用户终端要用到嵌入式软件，嵌入式软件要与终端硬件深度配合。学习嵌入式软件的人，需要同时掌握计算机软件和微电子硬件知识，属于复合型软件人才。

有人说，现在ChatGPT、DeepSeek等人工智能正在逐渐代替人类工作，计算机软件人员不吃香了。的确，人工智能可以代替部分普通计算机软件工作，比如原来要用一周时间完成的应用型软件开发，现在一天内就能完成，有很多成熟软件程序稍作修改就可直接采用。但这仅限于成熟的、通用的、应用型软件，创新型软件还是需要专业的计算机人才参与编程，这是人工智能所无法替代的。北斗系统建设和应用依然需要大量的计算机科学人才。

数学

很多人可能想不到北斗系统和数学专业相关，但如果了解卫星导航原理，你就会明白数学对卫星导航的重要性了。北斗定位原理和工程实践用到的解方程组、卫星轨道参数分解等都涉及数学学科。数学是北斗系统的基础学科，用到的地方是最多的。从这一点也可以看出，任何一门“高大上”的科学技术，都可以回归到一门最基础的学科知识。

我当年的一个师弟，是北京航空航天大学数学系的，毕业后参与北斗卫星的轨道设计，由于有丰富的航天理论知识和专业的数学功底，在北斗系统建设中作出了卓越贡献。我大学时学习线性代数时，觉得特别枯燥和无聊，不知道有什么用。后来在北斗系统建设中，需要把一组数列通过某种转换变成另一组数列，两组序列要一一对应又不能重复，如何做到这一点呢？于是我用线性代数中的满秩矩阵知识解决了这个问题。

俗话说，“书到用时方恨少”，我们学习一门基础课程，可能当时并不知道它有什么用，但如果没有去学习这些知识，在工作中就可能找不到解决问题的路径。扎扎实实学好基础知识，不断丰富自己，总有一天你会受益。

其他学科

北斗系统是个庞大、复杂的航天工程，涉及的专业门类很多，除了前边提到的大地测量学与测量工程、信息与通信工程、计算机科学、数学等核心学科，还涉及天文学、地理信息学等众多专业知识。比如，北斗卫星轨道设计用到赤道、黄道、春分点，这些都是天文学知识；手机定位导航，北斗给出的位置要叠加到电子地图中，电子地图要用到地理信息、测绘和遥感知识；北斗卫星信号到达地面过程中会穿过大气中的电离层、对流层，要用到大气科学中的大气学；北斗发射火箭会用到航空宇航科学与技术学科知识；做好北斗精神的传播需要多媒体专业知识……卫星导航系统就像一艘大船，发动机、操作台是主要部件，甲板、螺丝钉也是不可或缺的构成。北斗系统是一项技术专业高度综合的系统工程，涉及的理科和工科知识面很宽，系统建设和应用需要各方面人才参与。

问问科学家

问：参与北斗芯片研发需要什么专业？

答：北斗芯片研发一般要有电子电路、卫星导航等相关专业背景。但这些都不是绝对的，北斗领域一直有师傅带徒弟的传统，只要你肯学习，愿付出，哪怕没有这些基础知识，也有可能成为一名芯片工程师。无论是否有相关专业背景，只要想从事北斗芯片研发，你就需要不断学习，提升和积累自己的技术能力。

与北斗有关的社团组织

随着北斗系统开工建设，国家相继批准了一些非营利性社团组织参与北斗有关工作，比如北斗研究院、北斗导航协会等。其中影响力较大的有中国卫星导航定位协会（原中国全球定位系统技术应用协会），简称“中位协”。根据中位协官方网站介绍，该协会成立于 1995 年，是中国科学技术协会团体会员，也是我国卫星导航与位置服务领域唯一的全国性行业协会。

中位协重点工作中，影响力较大的有中国卫星导航与位置服务年会。第一届中国卫星导航与位置服务年会于 2012 年在北京召开，截至 2024 年已召开 13 届。每届年会工作内容不完全一样，其中重要内容之一是为会员单位举办展览会，部分会员单位会在展览会上布设展台。会议期间主办方邀请北斗专家作演讲发言，发布《中国卫星导航与位置服务产业发展白皮书》《中国北斗产业发展指数报告》等产业发展数据，举办“卫星导航定位科学技术奖”颁奖仪式等活动。

与北斗有关的官方活动

由官方组织的北斗重大活动有中国卫星导航年会和北斗规模应用国际峰会。中国卫星导航年会倾向于卫星导航学术交流，北斗规模应用国际峰会倾向于北斗产业交流。第一届中国卫星导航年会于 2010 年

王淑芳在第十届中国卫星导航年会作主题发言

王淑芳在第十三届中国卫星导航年会作主题发言

在北京召开，截至 2024 年已召开 14 届。第一届北斗规模应用国际峰会于 2022 年在湖南长沙召开，截至 2024 年已召开 3 届。经国家相关部门批准，从 2024 年开始，北斗规模应用国际峰会与中国卫星导航年会统筹合并举办，着力构筑一个更为开放、充满活力的学术交流平台，助力理论与技术革新，推进系统建设与产业高质量发展。

2024 年第一届统筹举办的北斗规模应用国际峰会和中国卫星导航年会，由国家发展和改革委员会、国家互联网信息办公室、交通运输部、湖南省人民政府联合主办，由北京空间科技信息研究所、湖南先进技术研究院、卫星导航技术重点实验室联合承办，会议内容包括北斗规模应用产业化、各类技术交流、应用场景示范体验等。

与北斗有关的科技赛事

与北斗有关的科技赛事很多，下面介绍一个与青少年有关的北斗赛事活动，以便大家了解这个赛事的相关内容和组织方式。

我经常被邀请去担任一些赛事的专家评委，在评审工作中，我比较注重青少年的参与度，如果对某些方面特别感兴趣或者有特长，在老师或者行业专家的指导下完成作品，作品有一定超越度是很好的，可以激发孩子们的探索精神和创新热情，但有些作品明显超出这个年龄段应有的能力，这种情况我是不太赞成的。青少年参与科技赛事的目的是培养科学精神和科学兴趣，激发参与科学研究的内驱力，并不在于科技成果本身的深度和高度。哪怕只是简单的发明创造，只要持之以恒地坚持研究和探索，你就会不断感受和享受科技创新的奥妙。

“北斗杯”全国青少年空天科技体验与创新大赛

“北斗杯”大赛为全国性公益大赛，自 2010 年开始举办，每年组织一次。根据教育部办公厅等四部门关于印发《面向中小学生的全国性竞赛活动管理办法》的通知（教监管厅函〔2022〕4 号），“北斗杯”大赛被列入 2022 ～ 2025 学年面向中小学生的全国性竞赛活动名单。

2024年，第十五届“北斗杯”全国青少年空天科技体验与创新大赛由中国科学院、共青团中央、中国科协指导，由中国科学院空天信息创新研究院、中国光华科技基金会主办，由中国卫星导航系统管理办公室学术交流中心联合主办。赛事面向对空天科技感兴趣的青少年，全国在校小学生，初中生，高中生（含中专、中技、职高），高职生，本科生，研究生均可参加。

赛事内容包括体验类、创意类、创新类三类比赛。体验类以理解知识为主。以“北斗”基本概念为核心，向空天及相关领域延伸，青少年学生通过知识学习、探索体验，引发对“北斗”等空天科技的兴趣和热爱。创意类以运用知识为主。以“北斗”知识为核心，向空天及相关领域延伸，青少年学生通过创意设计、创意制作，提升对“北斗”等空天科技的基本认知能力。创新类以把知识转化为能力为主。鼓励将“北斗”及其他空天信息领域与相关行业应用融合，拓展或创新应用场景，探索解决现实问题，开发青年学生科技创新潜能。

赛事奖项按照赛项类别、参赛组别分别设置省级奖项和全国总决赛奖项。省级奖项设一等奖、二等奖、三等奖、优秀奖。全国总决赛奖项由省级奖项优秀获奖选手推荐入围，设特等奖（可空缺）、一等奖、二等奖、三等奖。对于在大赛开展中积极组织参赛，且指导作品入围全国总决赛并取得优异成绩的指导教师，可获得全国优秀指导教师、省级优秀指导教师奖。对于在大赛开展中积极组织参赛的学校，可获得全国优秀组织学校、省级优秀组织学校奖项。组织方一般会在每年年初公布大赛官方网站、公众号等参赛渠道。

问问科学家

问：和北斗有关的赛事奖项能作为升学的加分项吗？

答：不能。《面向中小学生的全国性竞赛活动管理办法》第十九条规定，竞赛以及竞赛产生的结果不作为中小学招生入学的依据，并要求在竞赛产生的文件、证书、奖章显著位置标注教育部批准文号以及“不作为中小学招生入学依据”等字样。

与北斗有关的产业发展

随着系统建设逐步完善和产业化应用发展，北斗已经成为我国空间基础设施的重要组成部分，成为国民经济发展和基于位置服务的重要产业。参加北斗系统建设和应用的企事业单位很多，几乎涵盖了所有类型的经济体。有技术、经济实力雄厚，长期参与国家重大工程建设的大型央企和国企、科研院所和高校；有混合所有制和民营微小型企业；有因为从事北斗业务而上市的公司等。社会对北斗系统建设和产业化应用的参与热情非常高，百花齐放，百家争鸣，全面体现了“自主创新、开放融合、万众一心、追求卓越”的新时代北斗精神。

与北斗有关的产业包括北斗系统建设、北斗技术研究、北斗产品研发和北斗产业运营等。2024 年 5 月 18 日，中国卫星导航定位协会发布《2024 中国卫星导航与位置服务产业发展白皮书》显示，2023 年中国卫星导航与位置服务产业总产值 5362 亿元人民币，呈现逐年快速增长趋势。其中，与卫星导航技术研发和应用直接相关的芯片、器件、算法、软件、导航数据、终端设备、基础设施等在内的产业核心产值 1611 亿元人民币，由卫星导航应用和服务所衍生带动形成的关联产值 3751 亿元人民币。

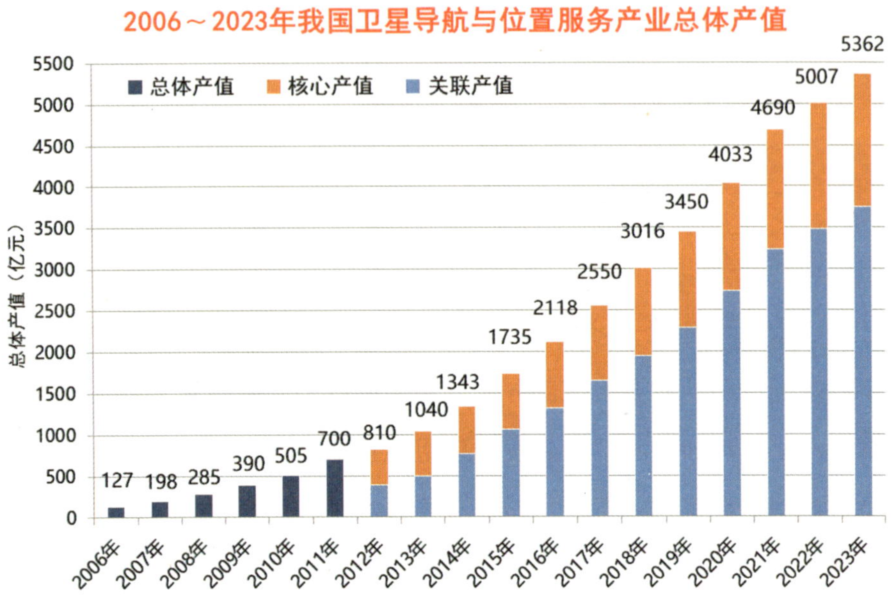

北斗应用产业规模

如果你对北斗技术特别感兴趣，不妨加入北斗芯片、器件、算法、软件、导航数据、终端设备、基础设施等北斗核心产业。与这些产业相关的单位基本是科技型单位，要求具备电子电路、信息通信、计算机等专业能力。

如果你不是学习空天技术相关专业的，也可以参与卫星导航应用和服务所衍生的关联产业。什么叫关联产业呢？比如基于北斗的防走丢智能手环，其中手环中的北斗芯片或者北斗通信模组，与北斗技术密切相关，就是北斗核心产业；如果手环还外加了心率监测、体温监测等其他功能，手环本身产值大于北斗芯片或北斗模组的产值，北斗手环就属于关联产业。再比如基于防走丢北斗手环的运营服务，做这项服务的企事业单位本身并不做北斗手环产品，但会建立一个服务平台，通过服务平台监视孩子、老人等的活动位置，家人可以通过平台服务软件（比如手机 App）了解他们的活动情况，还可以委托平台服务商提供托管看护、紧急救助等服务，这样的产业服务就更加扩大了北斗的产业圈，不懂北斗技术的人也可以做北斗产业服务，这些是更大范围的关联产业。

北斗系统的发展与未来

北斗系统运行维护

北斗系统建设和运行维护是北斗产业链的基础环节，只有把系统建设好，运行维护管理好，北斗系统才能提供更好的应用服务。目前北斗系统建设基本完成，已经进入稳定运行阶段，维护好系统运行状态、做好系统支撑、跟进国际卫星导航系统技术演进等，是目前的主要任务。北斗系统运行维护不仅包括地面系统运行值守、设备维修等日常维护工作，还包括卫星系统维护建设。地面系统运行维护相对简单，投入也不是特别大，但卫星系统维护任务很重，北斗卫星不断到龄“退役”，需要发射新的卫星代替“退役”卫星补充进北斗卫星星座，以确保北斗星座完整，提供持续性全球服务。北斗三号系统是 30 颗卫星的星座，按照卫星平均 8 年寿命计算，平均每年要补发 3.75 颗卫星才能保证星座上没有“空余座位”。所以北斗系统不是建设完成就一劳永逸的，系统维护是一项长期且非常重要的工作。

北斗系统技术与应用发展

国际卫星导航技术在不断发展和进步，北斗系统也必须紧随国际发展步伐，不断提升系统技术能力和技术水平。北斗系统目前已经实现我国及周边地区高精度服务，将来可以通过国际合作布设更多的位置基准站，实现全球高精度服务能力，不断提升系统服务精度指标，为空中、海上等用户提供实时高动态、高精度导航定位和授时服务等。北斗星座正在与低轨卫星通信星座融合，实现融合通信，并进一步降低高精度定位服务收敛时间等技术指标。北斗系统还将不断改进星间链路技术，提升星座自主维持能力，减少对地面系统依赖，甚至有北斗科学家大胆提出建立星基时空基准设想，把月球、恒星等作为时空基准。此外，北斗终端正在融合惯性导航、5G 定位等技术，实现泛在导航定位和授时服务，北斗应用也正在从初步应用走向深度应用，从室外应用走向室内应用，从国内应用走向国际应用。“同世界 · 共北斗”是第三届北斗规模应用国际峰会的主题词，也是北斗的发展与未来。

参与北斗事业的官方渠道

如果你想了解北斗，可关注北斗的官方网站（www.beidou.gov.cn）、监测评估网站（www.csno-tarc.cn 和 www.igmas.org）、官方微信公众号（beidousystem）等渠道平台（来自《新时代的中国北斗》，2022 年 11 月）。如果你想做北斗研发，可以关注北斗公开服务信号接口控制文件。该文件定义了北斗卫星与用户终端之间的接口关系，包括信号结构、基本特性、测距码、导航电文等内容。如果你想了解北斗运行情况，可以关注北斗系统运行状态，包括卫星发射入网、在轨测试、监测评估结果以及卫星退役退网等系统状态信息，便于掌握系统服务能力。如果你想了解北斗产品，可以关注中位协和官方组织的北斗年会，主要北斗产品供应商都会布设展现能力的展台，并派人现场沟通。

8

我的北斗人生

人生很长，你会经历时代变迁，遇到很多事、很多人。

我经历了北斗的从无到有，从小到大。

人生很短，一生择一事，能把它做好就很不容易。

我一生只做了北斗这一件事。

我的追梦童年

1972 年，我出生在东北的一个农村家庭。当别的孩子聊天、玩闹时，我喜欢一个人静静地坐在院子里的矮墙上仰望天空，小时候觉得天空很空洞，我的心也很茫然，我不知道外边的世界是什么样的，也不知道自己长大了能干什么。小学二年级时，我在学校听了张海迪姐姐的故事后，心里豁然开朗起来。海迪姐姐身残志坚，哪怕自己状态很不好，也还是尽力去帮助别人，“是颗流星，就要把光留给人间”，这句话成了照亮我人生之路的星光。我开始有了走出黑土地的想法，学习有了方向，夜晚再看向天空时，那里闪烁着亮晶晶的星星。

在那个年代，农村孩子上学的条件很艰苦，很多人都辍学了。我兄弟姐妹多，母亲身体不好，家里买不起自行车，我经常一个人早上 6 点就出发，先沿着铁路走 3 里路，再走 5 里的乡间小路才能走到乡里的学校。冬天东北天黑得早，放学时天已经全黑了。有一天，我一个人走在乡间小路上，望着深蓝的天幕和满天的星星，我写下了人生中第一首小诗：“脚踏皑皑雪，头顶满天星。鸟已归巢去，万籁寂无声。十年寒窗苦，岂为己乐乎？雄心和壮志，早已埋心中。”

心中有了目标，我的学习成绩开始直线上升，在班级一直名列前茅。初中学校是平房，毕业班每次考完试，学校都会在教室屋檐下的外墙张大榜，我几乎都是榜上的第一名，后来如愿考上镇上最好的高中。我在学校住宿，30 多人的大通铺分列在屋子的两边，室内没有暖气，只靠一个炉子取暖。面对艰苦的条件，我没有退缩，因为随着知识的增长，我越来越明晰自己的人生目标——走出去，学知识，做一个对社会有用的人。

我的追梦童年

我的大学时代

1991 年，我如愿考上北京航空航天大学。航天既是我儿时的梦想，也是一种莫名的缘分。

作为农村长大的孩子，我在高考填报志愿前从没听说过北京航空航天大学。有一天，邻座的同学收到了上一届考上北京航空航天大学校友的一封信，信封上有个小飞机图案，加上红色醒目的“北京航空航天大学”几个大字，我一下子就被吸引住了。这所承载未来北斗技术能力的大学，成了我走出黑土地实现人生梦想的第一个台阶。

刚到北京时，农村出来的我懵懵懂懂，不知道怎么过马路，找不到上课的教室，英语带着东北口音。因为家里穷，我靠借亲戚家的钱上学，吃最便宜的饭菜，怕没钱回请同学因而不敢参加同学的生日聚会。虽然困难重重，但我很快适应了大学生活，如饥似渴地泡在图书馆学习专业知识，参加北航的航模协会，还跑到北京师范大学选修国画课，站在北京科技大学的礼堂门口蹭听廖静文讲述徐悲鸿的艺术人生……

大学生活艰苦而丰富，学专业知识，也学生活智慧。遇到困难时，我就写了这样一阕词来激励自己：“月夜今宵，风吹到，潇潇暮雪。争忘却，秦皇汉武，昆仑争坐。壮志浮生解饥渴，笑谈檐下栖身雀。叹楚豪，乌水断英魂，苍天错！尧舜禹，操干戈。千年舵，谁人握？乘万里轻舟，楚天辽阔。踏破山河寻宿主，功名成就摘星月。上危楼，斗酒赋新词，同天乐！”我始终没有放弃自己的人生追求——做一个对社会有用的人。

北京航空航天大学校园

我的科研工作

1994 年 10 月，正在北航读大四的我，参加了学校组织的一场特殊招聘会。招聘会上，一位白发苍苍的老者说中国要建自己的卫星导航系统，当时我就在想，这不正是我的航天梦吗！

20 世纪 90 年代，正是“外企热”“出国热”的时候，虽然我心里也很想去挣钱，尽快回报父母，尽快还上从亲戚家借来上学的钱，但是儿时的梦想让我夜不能寐。最终我义无反顾地穿上军装，开启了我的追“星”之旅，成为北斗系统建设的首批筹备者之一。

这么多年过去了，我很欣慰自己当年的选择。虽然我在经济上比不过很多同学，但我收获了最宝贵的人生体验，北斗成了我心中最亮的那颗“星”。

我的北斗科研

我当时的工作主要是参与北斗系统传输协议设计和用户设备研制，那时候我们把用户设备称为用户机。1997 年，我见证了第一台北斗用户机的诞生。1998 年，我参加北斗系统星地模拟联调。2000 年，北斗一号系统卫星成功发射时，我在国外学习新技术。2003 年，我作为主笔人之一撰写北斗专题报告，推动北斗产业化发展。2004 年，我开始参加北斗二号系统论证和建设工作。

我的交通“民生”

2007年，北斗二号系统第一颗卫星升空，北斗核心科研工作已经完成，系统进入卫星组网部署阶段。这些年，大家的主要精力都扑在了北斗科研攻关上，没有太多力量投入北斗应用方面。在北斗建设初期，社会上除了参与北斗系统建设的科研单位，很少有人了解北斗。社会上对GPS系统的应用已经初见效果，北斗的应用几乎处于空白。看着北斗卫星一颗又一颗升入太空，我觉得国家投入那么大，不好好用北斗就是一种浪费，心里特别着急，于是我决定去做北斗产业化。当时家人和亲友都不赞同我的选择，因为当时我在军队已经小有成就，作为北斗初创团队成员，留在北斗科研体系，我未来的人生会非常轻松，而去一个完全陌生的领域从头开始，对30多岁的女性来说不合适。北斗一号系统是2003年建成的，当年正是总结成绩、收获科研成果的关键时期，国家级科技奖项扑面而来，而彼时交通和北斗是两个相对独立的体系，这个时候离开意味着我可能错失科研奖项。对科研人员来说，国家级科技奖项是对自己付出和成果的肯定，放弃确实有点儿可惜，可我还是遵从内心，脱下军装，转业到交通行业去推动北斗的产业化发展。

刚转到交通行业时，我有一段时间特别失落，甚至怀疑自己的选择是错误的。因为当时交通行业很少有人听过北斗，更别说使用北斗了，大家的态度是，GPS 挺好用的，为什么要用北斗呢？针对这种情况，我想了很久，“蛇打七寸，要抓关键”，于是先从行业管理人员入手。

为了推动北斗产业化应用，我们曾经一年内召开 6 次沟通协调会。记得有一次会议正赶上大雨，大部分飞机延误到后半夜，我亲自开着私家车去接来北京开会的人员，就是为了在和大家近距离接触过程中让他们了解北斗。这一招还真管用，他们听了我对北斗系统的介绍，都开始发自内心地承担起推广北斗的任务，就这样在行业掀起了“北斗热”，慢慢带动 1000 多家企业加入北斗行业中来。

后来，依托北斗示范工程，我带领团队开发建设了世界上最大的车联网平台。有了车联网平台，行业管理有了抓手，道路运输行车事故出现明显下降。每避免一起事故，就是在挽救一条条鲜活的生命和一个个幸福的家庭，这是我在推动北斗产业化应用之初万万没有想到的效果。

成立工作室

有了这样的效果，我尝到了甜头，开始把注意力往交通民生服务上转，我不仅要让北斗在交通行业生根，还要发芽、结果。在交通运输部领导的关心下，我成立了王淑芳工作室，有了专业团队的加持，工作开展得就更顺利了。我经常主动思考，带领团队不断提升为百姓服务的能力。

其间，还有一件事让我特别自豪，我带领团队开发了营运车辆全国联网检测，长途运输车辆不用跑回车辆所属地办理各种业务，全国联检，“一网通办”，办完业务后把结果通过网络传回去就行了，给大车司机们带来了非常大的便利，既节省了时间，也避免了路途耗费。

为了方便百姓办事沟通，我们在线上系统中设计了留言区，原本想收集意见改进系统设计，没想到收到的是司机们一句句真诚的感谢。在交通行业 14 年，北斗引领我走向一段不一样的精彩人生，在这里，我看到了北斗的成长，感受到了服务民生的幸福和快乐。

我的科普生活

给大山里的孩子讲科普

2019 年，我在贵州出差，了解到贵州省交通运输厅准备去他们对口扶贫的从江县加勉乡的一所学校做帮扶活动，我主动提出利用周末时间给孩子们讲一堂北斗科普课。贵州省交通运输厅觉得这件事很有意义，于是联合我的王淑芳工作室党支部、中国工商银行贵阳分行党支部等 12 个基层党支部开展“逐梦星空建北斗 · 科技兴交助脱贫”的主题党日活动，在加勉乡中心小学建立了加勉乡科普站，为孩子们捐赠了小学生科普书籍、显微镜和天文望远镜等课堂实验器材以及北斗卫星、天舟飞船、长征火箭等模型。

我们坐车辗转 7 小时来到加勉乡中心小学，当天晚上山上突然下雨，我们住在铁皮房里，雨水打在铁皮上啪啪作响，我很担心第二天的科普活动没法正常进行。幸运的是，山里的雨水来也匆匆，去也匆匆，第二天是个大晴天。孩子们听说北斗科学家要给他们讲北斗导航系统的故事，一个个兴奋极了，以百米冲刺的速度从教室向科普课堂飞奔。举办科普课堂的教室很快就坐得满满的。因为条件有限，很多孩子只能站在窗外旁听，当一张张童真的小脸出现在窗台上，清澈的眼睛里流露出渴望的光，那个瞬间，我特别感动。

在课堂上，我围绕“梦想”“坚持”“感恩”三个关键词讲述了自己一路求学、坚持不懈追逐北斗导航、成为一名北斗科学家的成长经历。孩子们听完后，有的感慨不已，有的沉浸于美好的憧憬之中，有的则用明亮的眼睛一直看着我，从他们的眼神中我仿佛看到了一束束光。那一刻，我想起了海迪姐姐对我人生的影响。我想，如果能点燃孩子们心中的梦想，这一次大山之旅就特别值得。我鼓励孩子们追逐梦想，努力拼搏，走出大山，用感恩的心态和行动，回馈祖国，回馈家乡。

同学们飞奔至教室，对北斗科普课充满期待

我给加勉乡的学生上北斗科普课

北斗导航指引人们前进的路，这样的科普不仅是向孩子们科普知识，更是弘扬科学精神，点燃他们的科学梦想，使他们产生追求梦想的内驱力，投入科学探索中来。

为线下互动的老师履行承诺

2017 年 3 月，我参加“三八妇女节”活动，中国交通广播的一位记者给我做了一段专访，我分享了自己参加北斗系统建设过程中的成长经历，他把我的录音放在《速度早高峰　影响力面对面》节目中播出，并设置了线上线下的互动。

因为《速度早高峰　影响力面对面》节目是在早上上班时间播出，河北省张家口市宣化区炸子市街小学的一名老师边开车边听节目，听到我的采访录音后，她觉得对学生们会有很大启发，于是她到学校后就给节目组留言，希望节目组把我的录音给她一份，她在课堂上播放给学生们听。《速度早高峰　影响力面对面》节目得到听众认可，这是节目开播以来第一次线下互动，记者听了很激动，他给我打电话告诉

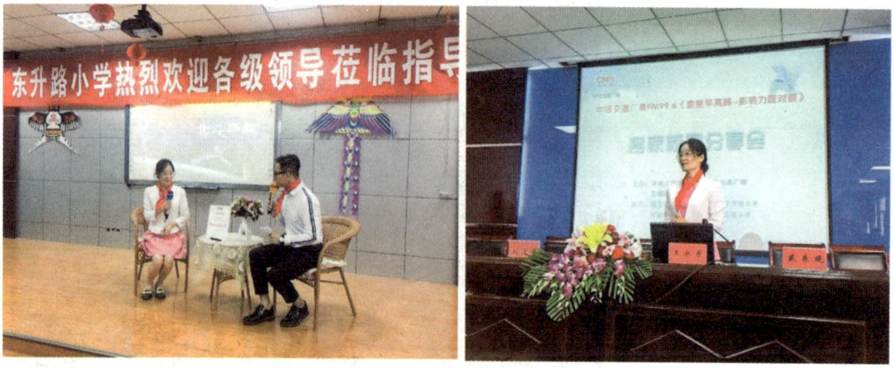

北斗科普现场

我这件事情。我当时脱口而出："这个老师对孩子们这么用心，我也应该做点什么。我去给孩子们当面讲一堂课吧。"说完我才知道，中国交通广播节目是面向全国播出的，这个老师所在的学校不在我所在城市，可是既然说了，我就得去兑现承诺。但那段时间我的工作特别忙，我只好利用周末的一天时间，坐着城际之间的火车，从北京到了学校所在的张家口市。我想来都来了，干脆多做一点儿，于是给相隔几千米的两所学校分别讲了一堂课。

第二堂课下课后，我在楼梯上碰见一个戴着红领巾的小女生迎面走过来，她有些腼腆地站住了，然后自豪地抬起头对我说："王老师，我爸爸是开大卡车的，他在用北斗……"那一刻，我心里特别感动。在交通行业做北斗产业化推广应用的我知道，司机们一开始是特别排斥用北斗的，他们认为自己被监控了，但没想到的是现在大家不仅不再排斥用北斗，还觉得用上我们中国自己研制的卫星导航系统是一种荣耀。

孩子的话让我觉得当年选择来交通行业做北斗民生工作特别值得。如今，我们不仅通过北斗技术避免了很多交通事故，还通过北斗在交通行业的应用，让更多人了解北斗，因为北斗而产生浓浓的民族自豪感。

科学家妈妈代言人

2022 年 9 月，由中国科协科普部、全国妇联宣传部主办，中国科协农村专业技术服务中心、北京科技报社承办的"我和妈妈学科学"活动中，我作为科学家妈妈代言人参加活动启动仪式，还作为代表发言，讲述了青少年和妇女科学素质提升的重要意义，以及妈妈对孩子成长引领作用的重要性。我通过自己做北斗科研 20 多年的感受，以及自己的科研态度对女儿潜移默化的影响，表达了我对“我和妈妈学科学”的理解。我认为，“我和妈妈学科学”学的不仅是科学知识、科学方法，更是科学精神，我的观点得到了大家的认可。

在活动期间，我还亲自带领当时正上高中的女儿做科学实验，配合活动主办方录制成视频教程供线上学习使用。我还在《婚姻与家庭》

成为“我和妈妈学科学”活动代言人

我和女儿一起做科学实验

直播间，作“北斗飞入百姓家”等科普讲座。用心、用情、用智慧，热情参与“我和妈妈学科学”活动，这是我做科普的初心，也是我的实际行动。

做孩子的人生“领航员”

我一直坚守在科研第一线，在我的影响下，女儿也早早就确定了自己的人生目标，2024 年，她如愿考入北京大学医学部临床医学专业。女儿说，妈妈做北斗是服务国家，她要成为一名医生，用勇敢和善良服务全人类。

有一次，一位外地朋友来我单位办理业务，业务结束后我请他吃晚饭。因为是我个人请客，我就带着女儿一起参加。晚饭后，这位朋友拿出一个小袋子，说是他们企业自己生产的自拍杆，给女儿作礼物。

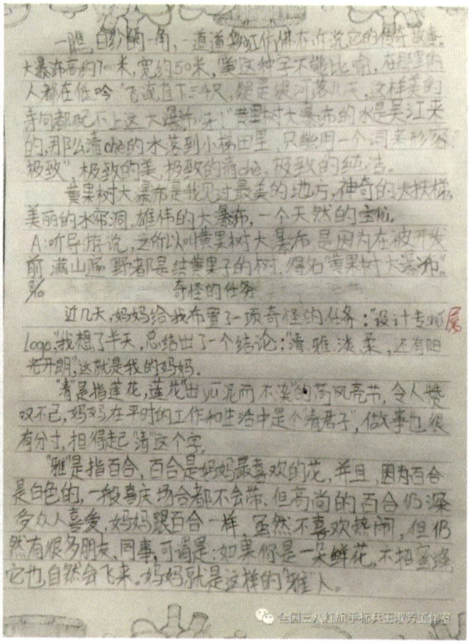

黄果树大瀑布是我见过最美的地方，神奇的大扶梯，美丽的水帘洞，雄伟的大瀑布，一个天然的宝地。
A：听导游说，之所以叫黄果树大瀑布是因为在被开发前满山遍野都是结黄果子的树，得名“黄果树大瀑布”。
8/10 奇怪的任务
近几天，妈妈给我布置了一项奇怪的任务：“设计专属logo。”我想了半天，总结出了一个结论：“清、雅、淡、柔，还有阳光开朗”，这就是我的妈妈。
“清”是指莲花，莲花“出淤泥而不染”的高风亮节，令人赞叹不已，妈妈在平时的工作和生活中是个“清君子”，做事也很有分寸，担得起“清”这个字。
“雅”是指百合，百合是妈妈最喜欢的花，并且，因为百合是白色的，一般喜庆场合都不会带，但高尚的百合仍深受众人喜爱，妈妈跟百合一样，虽然不喜欢热闹，但仍然有很多朋友、同事，可谓是：如果你是一朵鲜花，不招蜜蜂它也自然会飞来。妈妈就是这样的“雅”人。

女儿为我的工作室所设计的Logo和她写的日记

我觉得朋友从远方来，我请他吃饭，他给孩子一个小礼物，况且也不贵，算作礼尚往来，便没有拒绝。没想到，回到家才发现，礼物袋下面有一部苹果手机。女儿特别开心，她想要苹果手机已经很久了。但我对她说：“君子爱财，取之有道。这不是咱们的东西，妈妈一定得把手机送回去。”第二天，我就把手机还给了这位朋友。开始我还以为女儿会不理解我的做法，后来，我在女儿的日记中看到她设计的专属于妈妈的Logo，还写了一段文字描述：“清”是指莲花，莲花出淤泥而不染的高风亮节，令人赞叹不已，妈妈在平时的工作和生活中是个“清君子”，做事也很有分寸，担得起“清”这个字……

在孩子的成长中，我深切地感受到，父母就是明镜，孩子会在父母身上看到自己应该有的样子。父母就是孩子成长的“领航员”，引领孩子走正确的人生之路。

我的终身遗憾

1998年，我的妈妈病危。我收到消息后，马上请假回家看望她。看着病床上虚弱的妈妈，我知道她的生命没几天了，但当时正值北斗卫星上天前的最后一次联调，卫星轨道就像车位一样是先到先得，晚了就没有位置了，必须争分夺秒。在这种关键时刻，我真的走不开，只能在病床前与妈妈告别。我跟妈妈说，过几天我就回去看她。嘴上这么说，但我心里知道，很可能这是见她的最后一面了。自古忠孝难两全，只有亲身感受才知道这几个字的分量，我别无选择！2000年，我爸爸也在思念妻子的悲痛中离开了人世。当时北斗按照密级管理，我必须对家人保密，所以直到父母离开人世，他们都不知道我具体在做什么。

2014年5月2日，中央电视台播出了我的事迹《一生择一事》，我的长姐在电视上看到了，就给我打电话，哽咽着说，要是爸爸妈妈能看见这些多好……

我的父亲母亲

我的高光时刻

因为对北斗研发和交通民生的贡献，我荣获了军队个人三等功、国务院政府特殊津贴，及全国先进工作者、全国三八红旗手标兵、中央国家机关优秀共产党员、信息通信行业工匠、2016 年感动交通十大年度人物等称号。

参加中国共产党
第十九次全国代表大会

参加中国妇女
第十二次全国代表大会

获得“全国先进工作者”称号

作为社会主义核心价值观宣讲团成员发言

在首届上海合作组织妇女论坛上发言

作为北斗行业应用特等奖代表发言

我的留白未来

2022年，在人生的高光时刻，我又离开了自己的舒适区，重回航空航天科研体系。我觉得自己又该补课了。我要重新深入学习北斗技术，弥补我离开北斗科研14年的缺憾。我还要学习卫星互联网、太赫兹技术等前沿技术，把更多更好的技术应用到实践中，让它们插上北斗翅膀，飞到各行各业。50岁是女性的退休年龄最低标准，这个年龄的我再出发，就像生活中的我一样，面对一场说走就走的旅行，总是毫不犹豫地出发。

精彩的人生就是要不断设立目标，不断学习和奋进，才能不断成长。我的人生就像爬山，每到一个高点，我都不会在那里停留太久，因为我知道前边还有一座座更高的山峰等着我。每次重新选择都会遇到很多困难，但我知道，只要方向不变，目标正确，短暂下山是为了向更高的山峰攀登。

我的未来是一张白纸，我不知道留给我的是什么，但我会奋力去书写属于我的未来！

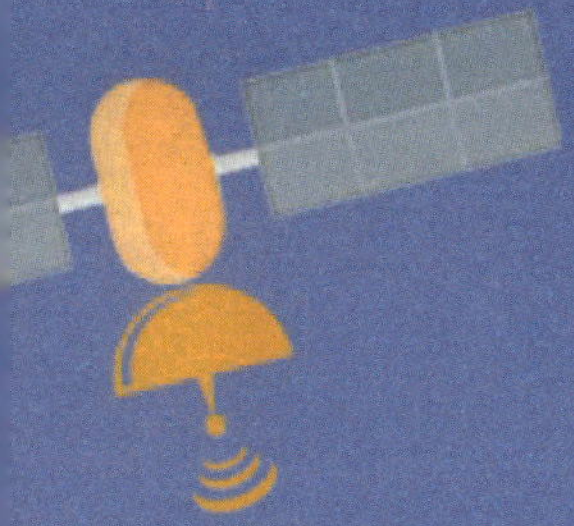

9

给未来科学家的建议

听到某些国家对我国部分领域技术进行“卡脖子”操作，很多人义愤填膺，跃跃欲试，恨不得马上参与到类似北斗这样的重大工程建设或者关键技术研究中来。大家的爱国热情是非常值得称赞的，但同时我们也要科学、理性地理解这些事情，中国以跨越式发展赶超发达国家，遇到一些困难，经历一些坎坷也是正常的。我从事北斗系统建设和发展应用30多年，一路走来，有很多感触和思考，把其中感触最深的几点分享给大家，希望能够给未来的科学家们一些参考。

不要轻易选择，更不要轻易放弃

很多人羡慕我获得的荣誉，觉得我遇到北斗是一件特别幸运的事，用一辈子去做北斗也是特别值得的事。这一点，我很赞同。的确，不是每个人都有机会从头到尾参与一项重大工程，并取得一定成就的。但我想跟大家说的是，成就和荣誉的背后，是艰苦的努力和艰辛的付出，没有随随便便的成功，遇到值得做的事，就要坚定地选择，持久地坚守，这是我这些年最深的感触。

记得有一次大学同学聚会，一位当年学习特别优秀的同学，没有任何恶意地说了一句，当年王淑芳学习并不是特别优秀，没想到现在做得这么好。客观地讲，在大学里，我的确不是最优秀的那一拨学生。从农村走出来，我要学习的东西太多了，在我手忙脚乱地适应城市生活，勉勉强强跟着老师的节奏学习专业课程的时候，很多优秀的同学已经在参与社会实践，或者已经在申请去国外深造了。当初并不是十分优秀的我选择了北斗，北斗承载并成就了我的人生。我想说，一个阶段不优秀不代表一辈子不优秀，只要愿意学习，并为之付出努力，你就有可能成为优秀的人。关键时期的选择对一个人的人生很重要，选择正确的路，会成就你的人生。

20 世纪 90 年代，北斗作为航空航天的典型代表，技术是非常前沿的，北斗人在科技领域很抢手，有些人做着做着就放弃北斗事业而选择出国了。留在国内的也很“值钱”，随着改革开放的不断深化，混合所有制企业或者民营企业如雨后春笋般出现，急需北斗人才，所以在北斗研发过程中，很多人离开北斗研发岗位走向了创业的道路。

如今，和这些人比我在经济上并不富有，但我觉得自己的内心是丰富的。正是有一群和我一样安心于北斗研发的人，耐得住寂寞，长时间地坚持，我们今天在卫星导航领域才不会被人“卡脖子”。

我想恳切地对未来的科学家们，尤其是即将走向工作岗位的大学生们说，人生短短几十年，时间非常宝贵，不容我们不断试错，对于未来的职业生涯，要谨慎思考，想明白自己想要什么再去选择，一旦选择了，就不要轻易放弃。如果稍有成绩就跳槽，可能暂时待遇好了或者地位高了，但对于整个人生来说是一种损失，因为每到一个新的平台你都要花费时间去适应，如果不适应又不得不放弃，对于人生都是一种浪费。在一个领域深耕下去，久久为功，取得成就的机会就更多一些。当然，这不是说我们就不应该去尝试，就像我这一生也是在不断尝试中成长。

热爱工作，寻找背后内涵

我每天都很忙，对每一项工作我都很投入，因为喜欢，就不会觉得累。

从事北斗研发时，我是出于喜欢。从一开始我就喜欢它背后的深刻内涵，中国要摆脱对外国的依赖，建设自主知识产权的卫星导航系统，意义非常重大。因为喜欢，无论遇到科研上的举步维艰，还是遇到外界的金钱诱惑，我都保持了心无旁骛、全情投入。

从事交通行业工作时，我一开始还隐隐觉得交通行业“科技含量”不高，心里感到遗憾，可是做着做着，我逐渐爱上了交通行业，因为我知道吃、穿、住、行哪个都重要，交通是和老百姓关系最密切的行业之一，让北斗赋能交通，惠及百姓，这正是我们建设北斗的初衷。交通行业虽然不像做航天科技那么“高大上”，但我的工作是有温度的，也让我更加理解了做北斗的深刻内涵，它不仅是为了打破国际垄断，更重要的是服务国计民生。

2022 年，我又离开交通行业回到了北斗科研体系，有人说我都五十多岁了，真不应该再“折腾”了，可是我知道我在遵从内心。在交通一线摸爬滚打这么多年，我发现北斗应用技术还有很大提升空间。我要带着对北斗应用的深刻理解再回到北斗研发岗位上，这样做出来的产品才能更加适应经济社会发展的需要。

敢于挑战，保持热情

作为一个地地道道的理工女，我不善言辞，但我闲暇时刻会用诗词记录生活，记录自己的思考。回看北斗工作期间写的小诗，我觉得自己最大的特点是敢于挑战，并在挑战中时刻保持热情。1998 年，北斗卫星上天前的联调期间，我们每天特别忙，巨大的卫星厂房里，早进晚出，几乎连轴转。有一天，我中午抽空走出厂房，五月，骄阳似火，我热切地记录下了当时的情景："京城五月骄阳照，怎知春色好。八方来客为联调，白发青丝笑。他年陌路不相识，星在天间闹。"在北斗研发过程中，遇到过很多科研困难，也有过看不到曙光的迷茫，但我一直像这首小诗记录的这样，生活处处是风景，用阳光般的热情对待眼前的工作和生活，憧憬着卫星上天后"群星嬉闹"的美好情景。

在交通行业工作期间，我经常辗转在飞机、高铁、高速公路上，每天非常辛苦和忙碌，但我仍然保持了做北斗科研时一样的热情。有一次，我去山西出差，当天往返北京，坐在高铁上我用小诗记录了我的行程："踏朝霞，迎风雪，城际如梭，高铁山间过。野鸟衔枝蓄冬巢，迟暮中年，无暇时光错。"哪怕在高铁上的一点点空闲，我也会用来写诗词，记录心灵的感慨和生活的痕迹，不让人生虚度。

2022 年，我又从机关事业单位回到自己心心念念的北斗技术体系，再一次重新开始，一切是那么熟悉又那么陌生，突然发现自己错过了北斗技术快速发展的一个阶段，于是像年轻人一样热情地投入学习。在新的学习和成长中，我也会遇到困难。有一次，出差一周的我约好了和家人共进晚餐，可是在差旅回程中飞机突然停在甘肃，我心里虽然热切期盼回家，但与其焦虑不如随意，于是我欣赏着秋阳西落的美景，用一阕小词记录了当时的心境："惊停转，遇陇甘，焦阳怒照吼云天。峰难路远终能到，何不欣享此刻间！"自从1995年参加工作以来，我一直在挑战新的境遇，并满怀激情地投入，困难挫折都被我转化成了乐趣，正是这样的心态让我始终乐享其中。

未来的科学家们，你们赶上了好时代，国家在提倡创新发展，你们有大把机会展示自己。我想对你们说，如果有幸从事了自己喜欢的专业，那是你的幸运。但更多时候，我们从事的工作可能并不完全是自己喜欢的，那就让自己喜欢上它。因为只有喜欢，你才不会觉得累。每一项工作背后，都有它深刻的内涵，就像用北斗预防交通事故，已经不再是简单的技术，而是民生，想通这一点，你就会觉得这件事情有意义了。生活没有舒适区，只有不断挑战自我，热情投入，人生旅途才更加精彩！

后 记

2024年“五一”小长假对我来说是实实在在的劳动节。我在家里憋了整整7天，本书第一稿出炉，我爱人看完后开玩笑说，这就是一本技术报告。不管怎么说，万事开头难，书稿模子总归是有了。“五一”之后的一段时间，我几乎舍弃了所有傍晚后的时光，原来每天和爱人一起出去散步的习惯被我堂而皇之地停止了：“不行，没有时间，我得改稿子。”几乎每天都是这句话，几乎每天都没有实质性进展。书稿越写越深，感觉怎么写都写不全、写不透，后来连自己都写不下去了。其间，本书编辑老师也很发怵，硬着头皮也看不进去书稿，因为看不懂。

国庆期间，事情终于出现了转机，我在看完一篇题为《爱抚是神经元的抒情诗》的文章后，顿时醍醐灌顶。我翻来覆去咀嚼文中的句子，不断思考：“当我还是一名神经解剖学学生的时候，曾解剖过一颗装在半加仑桶内的人脑……那是沿中线切开的半颗爱尔兰老人的头颅……在考试中，我们可能会在脑桥和延髓的小分区里寻找如针一般的细小结构，可能会被要求描绘出小孩碰到热炉后瞬间缩手时的信息流。”这篇文章的开篇，像讲故事一样，轻松自然地叙述出作者的科研生活，也拿捏住普通人对人脑的好奇心，用随处可见的生活现象，很自然地引出了神经元。我很快将这篇文章的写法迁移到自己的写作中，北斗不再是抽象的技术，而是陪伴我多年的老朋友。比如，原来我习惯写“技术含量非常高的北斗系统构成”，后来我将这句话改成了“北斗大家族”。从这种创作思路出发，原来遥远又深奥的北斗卫星导航一下就生动可爱起来，我给“北斗大家族”的每个家族成员都起了一个有特点的名字，描述了它们的特征，如 GEO 卫星是安静的小天使，IGSO 卫星是爱溜达的老爷爷，MEO 卫星是活力十足的小伙子，这样它们有了生命，这本科普书也有了活力。

科普也是科学，来不得半点虚假和草率。刚开始写这本书的时候，我并没有这么深的感受，根据自己亲身经历和驾轻就熟的记忆，我不假思索地写出了很多北斗技术参数。能让我意识到科普书籍的严肃性，还要感谢一个从事北斗应用的朋友，她无意中的一句话点醒了我。有一天她问我：“北斗到底有多少颗卫星啊？我昨天听一个专家做报告，怎么和你说得不一样。”我突然意识到，这本书虽然技术深度不大，但任何数据参数都必须有出处，要有官方依据，于是书中所有数据参数全部采信于官方文件。为了准确采纳北斗系统官方公布的数据参数，我特意买了一本国务院新闻办公室 2022 年 11 月发布的《新时代的中国北斗》纸质版白皮书。虽然网上可以查阅到白皮书全文，但我还是要看到“白纸黑字”心里才踏实。为了解释北斗系统到底有多少颗卫星，我专门从北斗官方网站下载了北斗在轨运行卫星信息表，并把它转化成 Word 版插进文稿，我要用“数得清”的数字告诉大家到底有多少颗北斗卫星。为了查找与北斗有关的导航学科，我还特意购买了两本高考志愿填报指导书。我女儿今年高考，她的成绩很好，用不着这些书，但她的高考启发了我，这些书应该有权威性和时效性。虽然只是一个学科归类，不是科学指标，但我还是认真查阅了参考资料。为了查阅“银河”号事件是否与 GPS 有关，我根据百度百科给出的参考资料名字，特意购买了《中国大百科全书·军事》，全书 1000 多页，读起来很烧脑，但我还是从头到尾查阅了一遍，并没有发现与“银河”号事件有关的描述，更无从查证“银河”号事件与 GPS 系统的关系，于是我修改了表达方法，把它作为一种悬念提出来。为了使本书采纳的数据有出处，我购买了最新出版的《全球卫星导航系统手册（上、下）》。虽然这些参考书中的知识和数据我都有积累，但我还是认真地进行了核对。我只参加了两代北斗系统建设，由于北斗系统庞大、复杂，每个人都不可能了解北斗所有的细节。为了弄清楚每个细节，我找到了当年共同奋斗过的老北斗人和身边一起工作的新北斗人，共同回忆和探讨，在此感谢大家对本书的贡献。

写北斗科普也是在回忆我的北斗人生。为了能够让读者由浅入深逐渐认识北斗，我反反复复调整文章结构，尤其是第二章至第四章，有很多内容是相互交叉的，很难完全分开。第一稿，我把第四章（“北斗是怎样工作的”）放在第二章的位置，我认为这样是最合理的，讲完北斗工作原理再讲别的内容都应该比较好理解。在统稿的时候我发现，这一章技术深、内容多，对于长期从事北斗工作的人比较容易理解，但对于普通读者理解起来比较难，可能一下子被吓着了，读不进去，所以我又把它调整成第四章，并把所有与技术有关的内容都装进这一章节。这样调整后的书稿结构变得更清晰了，其他章节像人体的四肢，一目了然，第四章像个大肚子，装着五脏六腑。其他章节也反复调整了好几次，不同章节都有文字和技术关联，每次调整我都要从头捋一遍，很耗费时间。我工作很忙，经常出差，出差期间晚上休息时间不规律，有时候和客户交流业务，有时候坐晚上的飞机或者火车奔波下一站。坐飞机和坐火车时，我就用手机读文稿，把有问题的部分通过手机截屏功能存图片，等晚上有空时再逐一对着截屏图片修改文稿，很多次都是后半夜修改的。在反复琢磨文稿过程中，我不断回忆北斗建设过程，不断对书稿查漏补缺，增补新的内容，最终把科普书稿写成了一本完整的北斗回忆录和北斗成长记。

最后，虽然很老套，但我还是要表达一下感谢。首先，我要感谢我的爱人，他是本书插图作者，也是本书的第一读者。他学的专业是平面设计，正好适合给本书做插图。但他是文科生，理解北斗对他来说还是很有难度的。我利用生活空隙不断给他讲述北斗原理和北斗技术，他后来不用我指导也能画出合理的插图，不仅可以挑出我的个别表述错误，甚至还以大众读者的视角和文科生的逻辑思维帮助我梳理文稿结构，使本书文稿更加流畅和自然。其次，我要感谢我的女儿，写这本书期间，正好赶上女儿高考，我白天忙于工作，晚上忙于写稿，陪伴女儿的时间很少。女儿特别理解和支持我，即便在准备高考期间，依然抽时间做我的读者，从青少年读者角度给了我很多合理建议。我写稿子写累了，她还会主动给我按摩。另外，我要感谢编辑老师，刚开始我的文稿写得很专业，编辑老师读起来很困难，但还是从编辑视角努力去理解，不仅给我提了很多诚恳的建议，还不断鼓励我，使我不断增强写作信心。《爱抚是神经元的抒情诗》这篇科普文章，就是编辑老师在我遇到瓶颈时推荐给我的。最后，我要特别感谢北斗泰斗级专家沈荣骏院士、我的导航恩师北京航空航天大学谈展中教授、我的同门师弟北京航空航天大学李锐教授，在最终成稿时，得到各位专家当面指导，我才敢将本书大胆面世。

本书虽然得到大师们指导，但难免有细节性疏漏，留有遗憾，我诚恳期待在本书与读者见面后能继续成长。

王淑芳

2024 年 11 月 19 日

参考书目

1.《中国大百科全书·军事》 中国大百科全书出版社 2007 年

2.《中国大百科全书·力学》 中国大百科全书出版社 2007 年

3.《全球卫星导航系统手册（上、下）》 国防工业出版社 2024 年

4.《新时代的中国北斗》 人民出版社 2022 年

5.《高考志愿填报指南》 人民日报出版社 2018 年

6.《中国高校专业解读》 化学工业出版社 2024 年